有机化学实验

（第四版）

主　　编：范望喜　　黄中梅　　李杏元
副主编：黄晓琴　　李国平　　周小萍
　　　　刘桂艳
编　　者：黄芳一　　赵秀琴　　秦中立
　　　　杨爱华　　王　金　　毛会玉
　　　　张秀花　　武　云　　李丽娜

华中师范大学出版社

内 容 提 要

本书是《有机化学》的配套教材。本教材系统而精炼地讲解了有机化学实验基础知识、基本操作,有机化合物性质实验,有机化合物合成实验和天然有机物提取实验,规范了各类有机化学实验的实验报告格式,教材后设有附录。编者力求加强基础,突出重点,简明清晰,循序渐进,充分体现有机化学实验教与学的基本规律。

本书可作为化学、生物、环境、食品、医学、轻工业、水产、农学等专业的有机化学实验课程教材使用,也可供实验员或相关技术岗位人员参考、自学。

新出图证(鄂)字 10 号

图书在版编目(CIP)数据

有机化学实验/范望喜,黄中梅,李杏元主编. —4 版. —武汉:华中师范大学出版社,2018.9(2020.1 重印)

(21 世纪高等教育规划教材·化学系列)
ISBN 978-7-5622-8331-7

Ⅰ.①有… Ⅱ.①范… ②黄… ③李… Ⅲ.①有机化学—化学实验—高等学校—教材 Ⅳ.①O62-33

中国版本图书馆 CIP 数据核字(2018)第 181607 号

有机化学实验

(第四版)

主　　编:范望喜　黄中梅　李杏元ⓒ			
编 辑 室:第二编辑室	电　　话:027—67867362		
责任编辑:张　华	责任校对:罗　艺	封面设计:胡　灿	
出版发行:华中师范大学出版社			
地　　址:武汉市洪山区珞喻路 152 号	邮　　编:430079		
销售电话:027—67863426　67861549			
邮购电话:027—67861321	传　　真:027—67863291		
网　　址:http://press.ccnu.edu.cn	电子信箱:press@mail.ccnu.edu.cn		
印 刷 者:湖北卓冠印务有限公司	督　　印:王兴平		
开　　本:787mm×1 092mm　1/16	印　　张:10.5	字　　数:260 千字	
版　　次:2019 年 9 月第 4 版	印　　次:2020 年 1 月第 2 次印刷		
定　　价:3 001—8 000	定　　价:30.50 元		

欢迎上网查询、购书

前　言

　　进入 21 世纪，我国高等教育正在逐渐实现从精英教育向大众教育的转型。将高等教育进一步大众化，培养应用型人才已成为国家人才培养结构中的重要组成部分，也已得到社会各界的广泛支持。因此，以培养应用型人才为己任的高等学校取得了长足的发展。这类学校普遍具有的显著特点是按照新时代的要求和当地社会与经济建设的需求来培养学生，重视"产、学、研一条龙"意识，并紧密结合当地的经济状况，把为当地培养应用型人才作为学校办学的主攻方向。在教授理论与技术的同时，更注重技术、方法的教学；在教授理论与实践的同时，更注重理论指导下的实践和操作，更注意实际问题的解决。因此，培养出来的学生更善于解决生产中的实际问题，受到地方企事业单位的普遍欢迎。

　　为了满足这类高校的教学要求，达到培养应用型人才的目的，根据教育部有关重点建设项目的规定和相关的教学大纲，我们组织了多年来在这类高校中任教并具有丰富工程实验、实践经验的教师来编写这套教材。

　　在编写过程中，我们提倡"实用、适用、先进"的编写原则和"通俗、精炼、可操作"的编写风格，以解决多年来在教材中存在的部分知识点、实验操作技术陈旧过时且偏离实际的问题。编者力求加强基础、突出重点、突破难点，简明清晰，循序渐进，充分体现有机化学实验教与学的基本规律；力求使本书具有较强的科学性、系统性和时代性，能充分反映有机化学实验理论、技术和方法的新进展，以及有机化学实验技术在生命科学、食品科学、环境科学、医学、农业等学科中的应用与发展。

　　本书的编写强调以有机化学实验的基础知识为主体，以所学的有机化学理论知识满足"适用"为原则，旨在培养学生发现问题、分析问题和解决问题的能力。本书全面、系统而精炼地讲解了有机化学实验基础知识、基本操作，有机化合物性质实验，有机化合物合成实验和天然有机物提取实验等方面的内容，规范了各类有机化学实验的预习报告和实验报告格式。对具体的每个实验，又根据实验教学规律分解为实验目的、实验原理、仪器和试剂、实验内容、注释或注意事项、思考题等几部分，减轻了教与学的双重负担。教材后设有附录部分，尤其是"附录一　部分试剂手册"，较全面地介绍了常见有机试剂的理化性质及其参数、保存方法、使用范围及其注意事项，可供师生在教学中查证。

　　本教材全面采用法定计量单位（SI 制），但根据需要也保留了一些允许与 SI 制暂时并用的其他单位。

　　在地方院校转型发展的大背景下，本书在第三版的基础上，结合使用单位提出的许多建设性意见进行了改版。

　　此次改版，仍以"必需、够用"为原则，以"应用性、实用性"为特色，围绕应用型复合型人才培养目标，调整了部分实验项目的核心知识和核心能力内容，增加了部分应用型实验项目，修正了部分说法和表述。

考虑到教材除应适应教学计划的需要外，还应对师生有一定的参考价值，因此书中所编内容较目前教学学时要多，各校可根据需要和实验条件自行取舍。

此次改版主要由武汉生物工程学院的一线实验教师，在结合其教学经验的基础上完成，参加此次改版的除武汉生物工程学院的范望喜、黄中梅、黄晓琴、黄芳一、赵秀琴、秦中立、杨爱华、王金、毛会玉、张秀花、武云等老师外，还有黄冈职业技术学院的李杏元老师，湖北生物科技职业学院的李国平老师、周小萍老师，武汉华夏理工学院的刘桂艳老师、李丽娜老师。

在改版过程中，我们还得到了武汉生物工程学院化学与环境工程学院副院长隆琪博士等的指导和帮助，在此一并致谢。

我们希望此次改版能使此教材更加完善，能更好地为广大读者服务。

编　者
2018 年 6 月

目　　录

第一部分

有机化学实验基础知识

◆有机化学实验的基本要求

◆有机化学实验室安全知识

◆常用仪器与装置

◆仪器的清洗与干燥

有机化学实验预习报告格式（仅供参考）

一、实验目的

二、所用主要仪器的特点及适用范围

（此项目要列举本次实验所用主要仪器的结构特点和适用范围，如蒸馏实验中对热源的选择、对温度计的选择、对冷凝管的选择、对蒸馏烧瓶的选择、对尾接管的选择等。）

三、所用试剂的主要性质及注意事项

（此项目要列举本次实验所用试剂的物理、化学性质，如熔点与凝固点、沸点与挥发性、相对密度、折光率、闪点、可燃性、爆炸极限、毒性强弱及使用时的注意事项等。）

四、实验主要步骤及注意事项

（此项目要简单列举本次实验的主要步骤及每一步中的注意事项，可用箭头表示实验步骤，要求简洁易懂；要充分考虑实验中可能出现的事故及其预防方法等；还要在相应的地方留出空白记录实验现象与数据。）

五、预习中遇到的疑问

（此项目要将在预习中遇到的疑问、想法或建议记录下来，以便在实验前向老师请教、交流或通过实验自己来解答。）

一、有机化学实验的基本要求

有机化学是一门以实验为基础的科学。有机化学实验和有机化学理论一起构成了有机化学课程教学的主要内容，二者处于同等重要的地位，是相辅相成、相互促进、相互推动的。有机化学实验教学可以看作有机化学理论知识的应用与检验过程，是理论知识的形象化与深化过程，因此，对每个学生来说，重视并掌握有机化学实验技能是非常关键的。

1. 明确实验目的

有机化学实验是有机化学学习的一个重要组成部分，实验教学对学生综合素质的培养具有重要的意义。它的主要目的有：

（1）深入理解有机化学的基本理论和概念。

（2）进一步熟悉各类有机化合物的重要性质。

（3）通过动手实验，正确地掌握有机化学实验的基本操作和技能技巧。

（4）通过实验，培养独立思考和独立工作的能力。如独立准备和进行实验的能力；细致地观察和记录实验现象，综合、归纳、正确处理数据的能力；分析实验和用语言表述实验结果的能力以及一定的组织实验、研究实验的能力。

（5）通过实验，培养实事求是的科学态度，准确、细致、严谨等良好的工作习惯以及科学的思维方法，从而使学生逐步掌握初步的科学研究的方法。

有机化学实验的任务就是要通过实验教学，逐步达到上述各项目的，为学生进一步学习后续化学课程和实验、培养初步的科研能力打下坚实的基础。

2. 掌握学习方法

要达到上述目的，不仅要有端正的学习态度，而且要有正确的学习方法。要做好有机化学实验，必须从以下几个方面入手：

（1）实验前要做好充分的准备工作

一次成功的实验，开始于实验前的准备，没有准备就到实验室去现看现做，是不会收到很好的效果的。实验前的准备工作包括：

复习有机化学理论教材中有关本次实验的理论知识，还要预习实验教材中本次实验的目的、仪器及试剂、内容、步骤和方法等，完成本教材中"预习与思考"部分的各项任务，力求做到目的明确，对相关的理论理解透彻，做法清楚，注意事项铭记于心。

在预习的基础上写好预习报告。预习报告不是照抄实验教材的内容，而是将内容提炼、简化，是通过自己的理解写下来的，能使自己一目了然。一般可以写在记录本上，并留适当的空白用来记录实验现象和结果，以减轻在实验室做记录时书写的负担。为了防止实验事故的发生，有机化学实验必须写预习报告。预习报告格式可以自定，并在实践中不断改进，但通常要求查阅相关的试剂手册（附录一为本书中部分试剂手册），了解此次实验所用试剂的相关理化性质、毒性、保存方法、使用时的注意事项等，预习报告交指导教师批阅后方可进行实验。

　　进入实验室后，首先明确消防设施和急救设备的摆放位置。再利用上课前的时间清查本次实验所要用到的仪器是否完整无缺、药品是否充足，否则就要及时进行更换与补充。

　　（2）在实验过程中要认真操作，仔细观察，详细记录，一丝不苟，培养良好的实验习惯，实验的成败和工作效率的高低同实验者的科学习惯与操作水平有很大的关系。在初学者中，由于不注意这些问题而实验失败的事例很多。为此，在实验过程中要按照以下几点来做：

　　① 整齐清洁，有条不紊　有机化学实验室中，经常使用的是一些易燃溶剂、有毒药品、易燃易爆气体以及一些具有腐蚀性的药品。为了防止实验事故的发生，同时保证实验有条理地进行，实验者要时时刻刻注意实验室的整洁，特别是各种试剂的取用，要严格遵守操作规则，如在指定点使用试剂、随手盖好试剂瓶等。否则，乱拿乱放很容易导致实验事故的发生，也会导致实验的失败。

　　② 认真实验，细致观察，深入思考　认真实验、细致观察是掌握和积累知识的重要方法。观察实验现象要做到耐心、细致，不进行直接、细致的观察，仅仅机械地记忆教材上的现象描述，是得不到完整的知识的。观察也是发现问题、解决问题的开始，有了问题就要深入思考，想办法去解决。在实验过程中，由于实验的具体环境和所使用的试剂等有差别，我们所观察的现象也会有所差别，有时候还可能和教材上的描述不尽相同，这时就需要我们自己去仔细分析，找到其中的原因。

　　③ 实事求是，详细记录　在实验过程中，实验者除了要认真地完成每项操作、细致地观察实验现象外，做好实验记录也是实验过程中的一个重要环节，只做实验而不记录是不允许的。特别要注意的是实验记录要忠于实验中所观察到的事实，如实地反映实验中所发生的现象和所得到的结果，既要避免繁琐，又要防止漏记和错记。

　　（3）做好实验后的整理工作

　　① 整理、清洁好仪器　实验完毕后，不管时间有多紧，都要把用过的仪器清洗干净，放回原处；将用过的试剂盖好瓶盖放回原来的位置，检查实验台是否收拾干净等。

　　② 做好清洁，检查安全　值日生要进行最后的整理检查。擦净实验台，清扫实验室，将废液、废渣等倒入指定容器。然后检查水、电、煤气的开关是否关好，门窗是否关好。

　　③ 写好实验报告　写好实验报告是对实验深化认识的过程，也是对今后撰写科研论文的初步训练。

　　实验报告只能在实验完毕后如实、完整地报告自己的实验情况，实验后必须及时地将实验报告交指导教师批阅。书写实验报告应字迹端正，简明扼要，整齐清洁。实验报告的格式并不一定，实验类型不同，考察学生的目的就不同，实验报告格式也就稍有不同。在教学实践中，教师应该鼓励学生创造性地自拟各种富有表现力的格式。本书各部分之前都提供了一份实验报告样本，仅供参考。

3. 遵守实验守则

有机化学实验中经常要用到易燃、易爆、腐蚀性和有毒的试剂，因此有机化学实验室可以说是一个很危险的地方。当这些试剂使用不当时，极易导致各种实验事故。有机化学实验室安全守则是人们从长期的实验室工作中归纳总结出来的，它是保证实验工作能够正常进行的一个重要前提，人人都必须遵守。

实验前必须认真预习有关实验的全部内容，并做好预习笔记。通过预习，明确实验的目的和要求、基本原理、步骤和有关的操作技术，熟悉实验所需的药品、仪器和装置及实验注意事项。

进入实验室时，应该熟悉实验室及其周围的环境，熟悉灭火器材、急救药箱的放置地点和使用方法。严格遵守实验室的安全守则和每个具体实验操作中的安全注意事项。如有意外事故发生，应立即报请指导教师处理。

必须遵守实验室的纪律和各种规章制度。在实验过程中不得大声喧哗，不擅离实验岗位、到处乱走，不乱拿乱放，不能将实验中的物品带出实验室，借用实验室的物品要自觉归还，损坏东西要如实登记，照价赔偿。

遵从指导教师和实验工作人员的指导，若有疑难问题或发生意外事故，必须立即报告教师及时处理和解决。

在实验进行的过程中，要遵从实验指导教师的指导，按照实验指导规定的步骤、试剂的规格和用量进行实验。若要改变，须征求指导教师的同意。做规定以外的实验，应先经指导教师允许。

应自始至终保持实验室的清洁。实验台上的仪器、试剂瓶应整齐地放在一定的位置上，废纸、火柴梗、碎玻璃等应放入垃圾箱，酸性废液应倒入废液缸，切勿倒入水槽，以防止堵塞或锈蚀下水管道。碱性废液倒入水槽后应及时用水冲洗。可回收试剂倒入指定容器。

公用的仪器、药品和工具，应在指定的地点使用，使用后立即归还原处并保持其整洁。节约水、电、煤气和药品。严格按照要求的用量和规格使用药品。

实验完毕后，要及时做好实验后的整理工作，将实验记录交给指导教师检查，待指导教师签字认可后方可离开。

每次实验后，必须及时地、认真地完成实验报告交指导教师批阅。

值日生负责整理公用仪器，打扫卫生，清理废物，并协助指导教师检查和关好水、电、煤气以及门窗。

二、有机化学实验室安全知识

有机化学实验中，经常使用一些易燃、易爆、腐蚀性和有毒的药品，这些药品使用不当就会导致各种实验事故。发生事故后不仅会危及个人的生命安全，还会危及周围的人们，并使国家的财产受到损失。因此，进行有机化学实验时必须注意实验安全。

各种事故的发生往往是由不熟悉仪器的性能、不熟悉药品的性质、未按操作规程进行实验或者思想麻痹大意等所引起的。只要实验前充分预习，实验中认真操作，加强安全措施，实验后认真检查，事故是可以避免的。为了防止事故发生，就要重视实验室的安全，熟悉实验室的安全知识，同时还应该学会一些救护方法。一旦发生了意外事故，可以及时处理。

1．有机化学实验室一般注意事项

（1）实验开始前，应按照要求认真地进行实验预习，写好预习报告，交指导老师检查。经老师同意后方可开始实验。认真听老师讲解实验，思考、回答问题。预习中出现的疑难问题要及时向老师请教。仔细检查仪器是否完整无损、是否齐全，装置是否正确稳妥，如有问题及时向老师报告。

（2）实验中必须熟悉药品和仪器的性能及装配要点。弄清实验室内水、电、煤气的管线开关和各种灭火器材、急救箱的放置地点。

（3）实验进行时，不得离开岗位，要仔细观察，认真思考，如实记录实验情况，注意观察实验反应的情况，如有无漏气、碎裂等。

（4）当进行有可能发生危险的实验时，更应该提高安全意识，根据实际情况，采取必要的防护措施，如使用防护眼镜、面罩、手套等。使用易燃、易爆药品时要远离火源。

（5）实验进行中，各种药品不得散失或丢弃，该回收的一定要回收，反应中所产生的有害气体必须按规定进行处理，以免污染环境。绝对不允许随意混合各种化学药品，以免发生意外事故。

（6）严禁在实验室内吸烟、饮食。

（7）正确使用玻璃管、玻璃棒和温度计等。损坏仪器要及时告诉老师，并及时进行处理，尤其是水银温度计等。

（8）熟练使用各种安全用具（例如灭火器等）及有关工具。

2．有机化学实验中的常见事故及其处理

（1）火灾

有机化学实验室中使用的溶剂大多数是具有挥发性且易燃的，同时在进行有机化学实验的过程中又不可避免地使用酒精灯、煤气灯、电炉等加热设备。因此，着火是有机化学实验室中常见的事故之一。预防着火要注意以下几点：

① 勿用烧杯或其他敞口容器盛装易燃物直接加热，应该根据实验要求及易燃物的特点选择热源，注意远离明火。

② 在回流和蒸馏操作过程中，要放数粒沸石或素烧瓷瓦片或一端封口的毛细管，以防止液体暴沸而冲出瓶外。蒸馏易燃有机物时，装置不能漏气，如发现漏气，要立即停止加热，检查原因，解决问题后方可继续。加热时宜慢不宜快，严禁直接加热。

③ 防止煤气管、阀漏气，尽量防止或减少易燃气体外逸，倾倒时要关掉火源，并且注意室内的通风，及时排出室内的有机物蒸气。

④ 易燃及易挥发物，不得倒入废液缸内。量大的要专门回收处理，量少的可倒入水槽用水冲走（与水有剧烈反应者除外，例如金属钠残渣要用乙醇销毁）。

⑤ 大量易燃物不准存放在实验室。

⑥ 在处理大量可燃液体时，应在通风橱中或在指定地方进行，室内应无火源。

实验室如果发生了火灾，千万不可惊慌失措，应该沉着、冷静、及时地进行处理，以防事故的扩大。首先，立即熄灭附近所有火源，切断电源，移开未着火的易燃物，然后根据易燃物的性质和火势的大小设法灭火。小火可用湿布、黄沙盖熄，绝对不能用水浇；火势较大时，可采用灭火器。

实验室中常用的灭火剂有二氧化碳、四氯化碳和泡沫灭火剂等。干沙和石棉布也是实验室中常用的一种经济型灭火材料。

有机化学实验室灭火时应该注意：

① 一般不可用水灭火，因为有机物都比水轻，会浮在水面上继续燃烧并随水的流动迅速扩散。地面或桌面着火，如火势不大，可用淋湿的抹布盖灭；若反应瓶内的有机物着火，可用石棉板盖住瓶口，火即熄灭；身上着火时，切勿在实验室内乱跑，应就近卧倒，用石棉布等把着火部位包起来，或在地上滚动以熄灭火焰。

② 金属钠、钾造成的着火事故不可用灭火器扑灭，更不能用水，只能用干沙或石棉布盖熄。

③ 不管用哪一种灭火器都是从火的周围开始向中心扑灭。

（2）爆炸

爆炸也是有机化学实验中常见的实验事故。以下简单介绍常见爆炸的发生原因和预防方法。

① 常压操作时，在封闭系统内进行放热反应或加热液体时容易发生爆炸。所以在反应进行时，必须经常检查仪器装置的各部分有无堵塞现象。

② 减压蒸馏时，若使用一些机械强度不大的仪器（如锥形瓶、平底烧瓶、薄壁试管等），因其平底处不能承受较大的负压而发生爆炸。故减压蒸馏时只允许用圆底瓶或梨形瓶作接收器和蒸馏瓶，有条件的还应戴上防护面罩或防护眼镜。

③ 乙醚、四氢呋喃、二氧六环、共轭多烯烃等化合物，久置后会产生一定量的过氧化物，在对这些物质进行蒸馏时，过氧化物被浓缩，达到一定的浓度就会发生爆炸。故在蒸馏之前一定要检查并除去其中的过氧化物。

④ 反应过于剧烈时容易发生爆炸。所以要根据不同情况采取冷却和控制加料速度等措施，必要时可设置防爆屏。

⑤ 多硝基化合物、叠氮化合物在较高温度或受到撞击时会爆炸，取用时要小心。

（3）中毒

有机化学实验中接触到的化学药品大多具有不同程度的毒性，中毒主要是皮肤直接接触或呼吸道吸入有毒药品所引起的。在实验中，要防止中毒，应切实做到以下几点：

① 预先查阅有关的资料，对所使用的试剂的毒性有尽可能多的了解。

② 药品不要沾在皮肤上，尤其是极毒的药品。实验完毕后应该立即洗手。称量任何药品都应该使用工具，不得用手直接接触。

③ 试剂取用后立即盖上盖子，以防止其蒸气大量挥发。使用和处理有毒或腐蚀性物质时，应该在通风橱中进行，并戴上防护用品，尽可能避免有机物蒸气扩散至实验室内。

④ 对沾染过有毒物质的仪器和用具，实验完毕应该立即采取适当方法处理以破坏或消除其毒性。

如果已经发生了中毒事故，应区别不同的情况来处理：一般药品溅到手上，通常是用水和乙醇洗去；实验时若有中毒症状，应立刻停止实验，立即到空气新鲜的地方休息，最好平卧；若出现其他较严重的症状，如眼睛出现模糊的斑点、头昏、呕吐、瞳孔放大时应该及时送往医院救治。

（4）割伤

割伤主要发生在下列几种情况下：

① 玻璃仪器口径不合，还勉强连接和装配仪器。

② 在向橡皮管中插入玻璃管、玻璃棒或温度计时，塞孔太小，而手在装配仪器时用力点又远离连接部位，如图 1-1（b）和图 1-1（d）所示。

③ 玻璃折断面未烧圆滑，有棱角。

如果不小心发生割伤事故要及时处理，先取出伤口处的玻璃碎片。若伤口不大，可以先用蒸馏水洗净伤口，再涂上紫药水，撒上止血粉，再用纱布包扎好。若伤口较大或者割破了主血管，则应该立即用力按住或用带子扎住血管靠近心脏的一端，防止大出血，并及时送医院治疗。

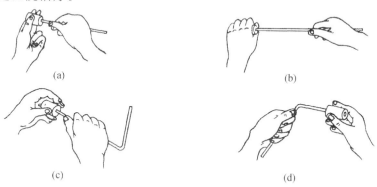

(a)　　　　　　　　　　　　　(b)

(c)　　　　　　　　　　　　　(d)

图 1-1　玻璃管的插入

（5）灼伤

皮肤接触了热的物质（如加热的物体、火焰、蒸气等）会被烫伤，接触低温物质（如固体二氧化碳、液氮等）会被冻伤，接触腐蚀性物质（如强酸、强碱、溴等）会造成灼伤。因此，实验时，要避免皮肤与上述能引起灼伤的物质接触。发生烫伤时可涂上烫伤药或万花油，发生冻伤时可以用手按摩，加速血液的流通或涂上冻伤药，较严重者则需请医生治疗。

实验中发生药品的灼伤，要根据不同的灼伤情况分别采取不同的处理方法。

若是浓硫酸灼伤，应该先用干抹布擦去浓硫酸，再用大量水冲洗。若是其他的酸灼伤，先直接用大量的水冲洗，再用1％碳酸氢钠溶液冲洗。碱灼伤则先用水冲洗，再用2％醋酸溶液或饱和硼酸冲洗，最后再用水冲洗。严重者要消毒灼伤面，并涂上软膏，送医院就医。

被溴灼伤时，应立即用2％ $Na_2S_2O_3$ 溶液洗至伤处呈白色，再用甘油加以按摩。

被磷灼伤时，用1％ $AgNO_3$、5％ $CuSO_4$ 或浓 $KMnO_4$ 洗伤口，然后再包扎。

除金属钠或钾外的任何药品溅入眼内，都要立即用大量水冲洗。冲洗后，如果眼睛仍未恢复正常，应该马上送医院就医。

为了对实验室内意外事故能进行及时处理，应该在每个实验室内都准备一个应急药箱，药箱内应该配备下列药品：

① 碘酒（3％）、医用酒精、红药水、止血粉、消炎粉、龙胆紫、凡士林或鞣酸油膏、烫伤膏、硼酸溶液（1％）、$NaHCO_3$ 溶液（1％）、$Na_2S_2O_3$ 溶液（2％）等。

② 医用镊子、剪刀、消毒纱布、药棉、绷带等。

三、常用仪器与装置

有机化学实验室中使用最多的是玻璃仪器。不同的玻璃仪器，其组成及特征各不相同，熟悉实验时需要用到的仪器、用具和设备是对实验者的起码要求。现将有机化学实验中常见的玻璃仪器、金属器具和一些主要仪器设备分别介绍如下。

1. 玻璃仪器

化学玻璃仪器一般都由钾或钠玻璃制成，使用时应该注意以下几点：

（1）轻拿轻放，安装松紧适度。

（2）除试管外一般的玻璃仪器不可用火直接加热，其他的玻璃仪器加热时要垫上石棉网。

（3）厚壁玻璃容器（如抽滤瓶）不耐热，不可加热；薄壁平底玻璃仪器（锥形瓶、平底烧瓶）不能用于减压；广口容器不能储放或加热有机溶剂；量器（量筒、量杯）不可在高温下烘烤。

（4）使用玻璃仪器后要及时清洗（久置不洗会使污物牢固地黏附在玻璃表面）、干燥（不急用的，一般以晾干为好）。

（5）具旋塞的玻璃仪器（酸式滴定管、分液漏斗、容量瓶等）清洗后，在旋塞与磨口间应放纸片，以防黏结。

（6）不能用温度计测量超过其量程的温度，而且温度计不能当作玻璃棒来使用。温度计使用后应缓慢冷却，特别是用有机液体作膨胀液的温度计，由于膨胀液黏度较大，冷却过快会使液柱断线；不能用冷水冲洗热温度计，以免炸裂。

有机化学实验室常用的玻璃仪器分普通玻璃仪器和标准磨口玻璃仪器两种。常见的普通玻璃仪器如图 1-2 所示。

在有机化学实验中还常用带有标准磨口的玻璃仪器，统称标准磨口玻璃仪器。这种仪器可以和相同编号的标准磨口相互连接。这样，既可免去配塞子及钻孔等操作，又能避免反应物或产物被软木塞（或橡皮塞）所沾污。常用的一些标准磨口玻璃仪器如图 1-3 所示。标准磨口玻璃仪器因其系列成套，装配简单，使用方便，而被普遍采用。

由于玻璃仪器容量及用途不一，因此，标准磨口玻璃仪器有不同的编号。通常标准磨口玻璃仪器有 10，14，19，24，29，34，40，50 等编号。这些编号是指磨口最大端直径（单位为 mm），相同编号的内外磨口可以紧密连接。磨口玻璃仪器也有用两个数字表示磨口大小的，如 19/40 表示该磨口玻璃仪器最大直径为 19 mm，磨口长度为 40 mm。如果两种玻璃仪器因磨口编号不同，无法直接连接，则可借助于不同编号的磨口接头将它们连起来。

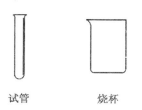  

试管　　　　　烧杯　　　　　泰勒管（b形管）　　　　具支试管　　　　吸滤瓶

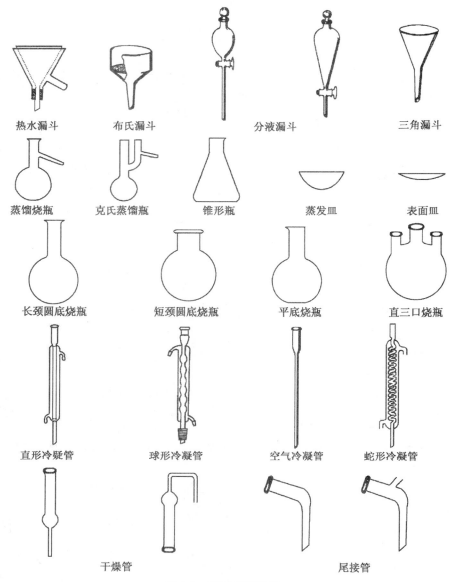

热水漏斗　　　布氏漏斗　　　　分液漏斗　　　三角漏斗

蒸馏烧瓶　　　克氏蒸馏瓶　　　锥形瓶　　　　蒸发皿　　　表面皿

长颈圆底烧瓶　　短颈圆底烧瓶　　平底烧瓶　　直三口烧瓶

直形冷凝管　　　球形冷凝管　　　空气冷凝管　　蛇形冷凝管

干燥管　　　　　　　　　尾接管

图 1-2　普通玻璃仪器

使用标准磨口玻璃仪器应注意以下几点：

（1）标准口塞应保持清洁，使用前宜用软布擦拭干净，但不能附上棉絮。洗涤磨口时，应该避免用去污粉擦洗，以免损坏磨口。

（2）一般使用时，磨口无需涂润滑剂，以免沾污反应物或产物。若反应物中有强碱，则应该涂润滑剂，以免磨口连接处因碱腐蚀而黏结，无法拆开。对于减压蒸馏，所有磨口应该涂润滑剂以达到密封的效果。

（3）安装磨口仪器时，把磨口和磨塞轻轻地对旋连接，不宜用力过猛，否则仪器容易破裂。

（4）磨口套管和磨塞应该是由同种玻璃制成的，不得已时，才用膨胀系数大的磨口

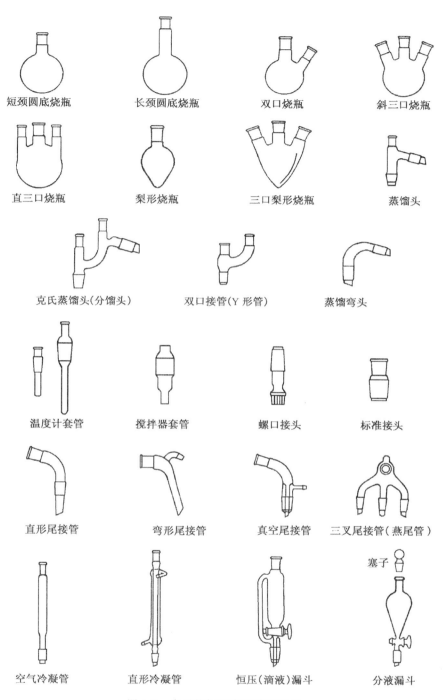

短颈圆底烧瓶　　长颈圆底烧瓶　　双口烧瓶　　斜三口烧瓶

直三口烧瓶　　梨形烧瓶　　三口梨形烧瓶　　蒸馏头

克氏蒸馏头(分馏头)　　双口接管(Y 形管)　　蒸馏弯头

温度计套管　　搅拌器套管　　螺口接头　　标准接头

直形尾接管　　弯形尾接管　　真空尾接管　　三叉尾接管（燕尾管）

塞子

空气冷凝管　　直形冷凝管　　恒压(滴液)漏斗　　分液漏斗

图 1-3　常用的标准磨口玻璃仪器

套管。

（5）用后应立即拆卸、洗净，否则放置太久磨口的连接处会黏结，很难拆开。

2. 主要仪器设备

（1）烘箱　烘箱主要用来干燥玻璃仪器或烘干无腐蚀性、热稳定性比较好的药品，如变色硅胶等。烘箱一般都有鼓风和自动控温的功能，使用时应注意温度的调节与控制。干燥玻璃仪器时应先将其沥干，当无水滴下时才放入烘箱，升温加热将温度控制在 $100\,℃\sim120\,℃$，在指示灯明灭交替处即为恒温定点。实验室中的烘箱是公用仪器，往烘箱里放玻璃仪器时应由上而下依次放入，以免残留的水滴流下使下层已烘热的玻璃仪器炸裂。取出烘干后的仪器时，应用干布衬手，防止烫伤。取出后不能碰水，以防炸裂。取出后的热玻璃器皿，若任其自行冷却，则器壁常会凝上水汽。可用电吹风吹入冷风助其冷却。

（2）电动搅拌器　电动搅拌器（或小马达配调压变压器）在有机化学实验中用得比较多，常用于搅拌，一般适用于非均相反应。使用时应该注意接上地线，不能超负荷。平时应经常注意保持电动搅拌器的清洁干燥，还要防潮、防腐蚀。轴承应经常保持润滑，每月加润滑油一次。

（3）磁力搅拌器　它是通过磁场的不断旋转变化来带动容器内磁转子随之旋转，达到搅拌的目的。一般的磁力搅拌器（如681型磁力搅拌器）都有控制磁转子转速的旋钮及控制温度的加热装置。反应物料较少、加热温度不高的情况下，使用磁力搅拌器更为合适。

（4）电热帽（或叫电热套）　它是以玻璃丝包裹电热丝盘成碗状，用以加热圆底瓶的一种加热器（如图1-4所示）。电热套与变压器配套联用，具有调温范围广、不见明火、使用安全等优点，因而加热和蒸馏易燃有机物时，不易引起着火，而且加热的热效率高。电热套加热温度用调压变压器控制，使用的温度一般不超过400℃，是有机实验中一种简便、安全的加热装置。电热套的容积一般与烧瓶的容积相匹配，从 $50\,mL$ 起各种规格均有。电热套主要用作回流加热的热源。

图1-4　电热套

（5）电吹风　实验室中使用的电吹风应可吹冷风和热风，供干燥玻璃仪器时用。宜放干燥处，防潮、防腐。

（6）旋转蒸发仪　它由电机带动可旋转的蒸发器（如圆底烧瓶）、冷凝器、接收器组成（如图1-5所示）。可以在常压或减压下操作，可一次进料，也可分批吸入蒸发料液。蒸发器不断旋转，可以免加沸石而不会暴沸。蒸发器旋转时，会使料液附于瓶壁形成薄膜，蒸发面大大增加，加快了蒸发速率。因此，旋转蒸发仪是浓缩溶液、回收溶剂的理想装置。

（7）调压变压器　调压变压器与其他的仪器联用以调节温度或转速，主要是通过调节电压实现的。在使用调压变压器时要注意：

图 1-5 旋转蒸发仪

① 不允许超负荷使用。

② 输入端与输出端不能接错；安全用电，接好地线。

③ 调节时要缓慢均匀，其炭刷磨短而接触不良时应及时更换。

④ 不使用时放在干燥通风处，保持清洁，防止生锈。

（8）冰箱　用以储存热敏感的药品，也常用于小量制冰。

（9）钢瓶　又称高压气瓶，是一种在加压下贮存或运送气体的容器，通常有铸钢、低合金钢和玻璃钢（即玻璃增强塑料）等材质。使用钢瓶时要注意以下问题：

① 搬运钢瓶要上瓶帽，轻拿轻放，保护好钢瓶。

② 使用可燃气体时一定要装有防止回火的装置。

③ 使用钢瓶时要放稳，一定要装上减压表。瓶中气体不可用完，须留约0.5％，防止外界空气进入钢瓶。

④ 注意存放安全，应放在阴凉、干燥、远离热源的地方，避免日光照晒。玻璃钢瓶应防止水浸及与强酸、强碱接触。实验室中要尽量少放钢瓶。

⑤ 钢瓶应定期检查，一般是每三年一次，玻璃钢瓶是每年一次。

⑥ 禁止钢瓶混用。通常规定用不同的瓶身颜色、标字颜色来表示钢瓶中所装气体的不同。几种钢瓶的标色见表1-1。

表 1-1　气体钢瓶的标色

气体类别	瓶身颜色	标字颜色	气体类别	瓶身颜色	标字颜色
N_2	黑	黄	Cl_2	深绿	白
空气	黑	白	NH_3	黄	黑
CO_2	铝白	黑	其他可燃气体	红	白
O_2	天蓝	黑	其他不可燃气体	黑	黄
H_2	淡绿	红			

3. 其他仪器和器具

（1）金属器具

有机化学实验室中常用的金属器具有：铁架台、烧瓶夹、爪形夹（冷凝管夹）、十字夹、铁圈、三脚架、水浴锅、热水漏斗、镊子、剪刀、老虎钳、起子、三角锉、圆锉、打孔器、水蒸气发生器、煤气灯、鱼尾灯头、不锈钢刮刀、台秤等。使用时不要随意乱放，注意防止锈蚀。

（2）橡胶、塑料和陶瓷制品

如橡皮塞、聚乙烯塑料管、聚四氟乙烯搅拌头、搅拌叶片、蒸发皿、布氏漏斗等。

4. 有机化学实验的一般装置

（1）一般装置简介

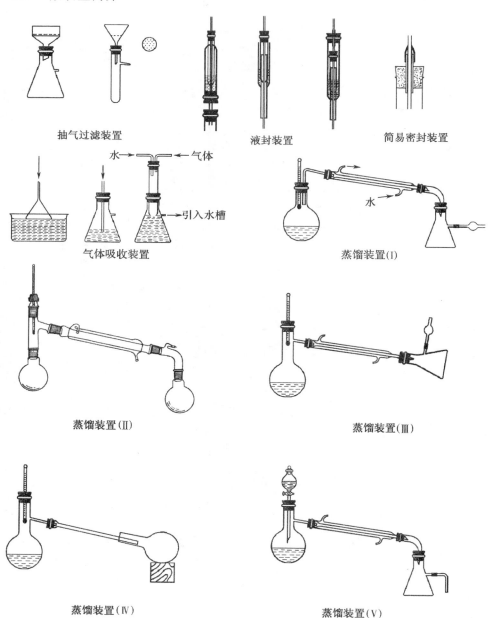

抽气过滤装置　　　　　　液封装置　　　　简易密封装置

气体吸收装置　　　　　　　蒸馏装置（Ⅰ）

蒸馏装置（Ⅱ）　　　　　　　蒸馏装置（Ⅲ）

蒸馏装置（Ⅳ）　　　　　　　蒸馏装置（Ⅴ）

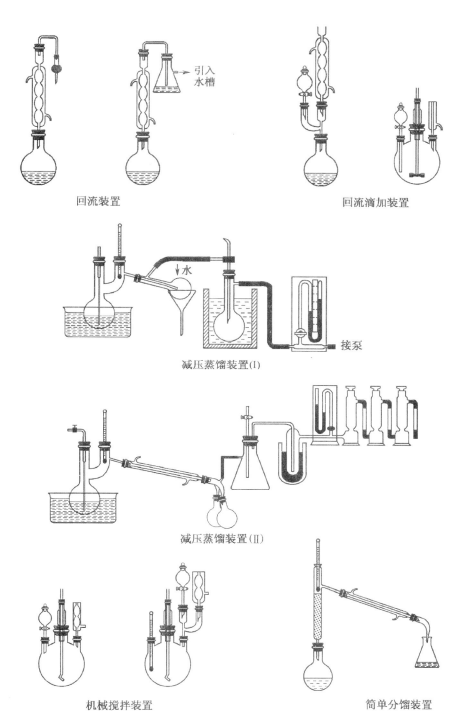

回流装置　　　　　　　　　　　　回流滴加装置

减压蒸馏装置(I)

减压蒸馏装置(II)

机械搅拌装置　　　　　　　　简单分馏装置

（2）仪器的选择

　　实验装置是由一个个玻璃仪器和配件组成的。各种玻璃仪器除了前面讲的性能外，还有规格的不同。因此，考虑选用某一装置时，首先应该根据实验的要求选择合适的仪器。

① 烧瓶的选择　烧瓶有长颈、短颈和圆底、平底及体积规格之分。一般说来，烧瓶内待蒸馏物在加热过程中比较平稳或沸点较高者用短颈烧瓶，反之就用长颈烧瓶。而水蒸气蒸馏时只能用长颈圆底烧瓶。烧瓶体积有 50 mL、100 mL、250 mL、500 mL、1000 mL 等各种规格，其选择要看待盛装物质的体积的多少而定。普通蒸馏要求装量不超过烧瓶容量的三分之二（要考虑到受热体积增大），但也不能少于三分之一。而水蒸气蒸馏和减压蒸馏要求装量不能超过烧瓶容量的三分之一。

② 冷凝管的选择　常见的冷凝管有直形、蛇形、球形和空气冷凝管。多数情况下，回流用球形冷凝管，蒸馏用直形或空气冷凝管。一般说来，被蒸馏物的沸点低于 130 ℃ 高于 70 ℃ 时用直形冷凝管。当被蒸馏物的沸点高于 130 ℃ 时，若用直形冷凝管，夹套里的冷却水会使玻璃接头炸裂。沸点较高的物质在空气中也易于冷却。所以，被蒸馏物的沸点高于 130 ℃ 时用空气冷凝管而不能用直形冷凝管。被蒸馏物的沸点低于 70 ℃ 时常用蛇形冷凝管，其冷却效果比较好，但是通过蒸气的蛇管管径小，往往容易被冷却下来的液体堵塞。当蒸气挥发量不大时，为了提高冷却效果有时也用到蛇形冷凝管，但必须采取一定的措施使液体不堵塞才行。在实验中，有时为了强调某一方面，也出现一些例外的情况。比如在沸点高的情况下回流，其装置也有用直形冷凝管的。蒸馏沸点低的化合物时，想达到比较好的冷却效果，有时宁可操作麻烦点（收集不同馏分时要卸装冷凝管），也要用球形冷凝管。

③ 温度计的选择　根据温度计的工作原理可分为五种：膨胀温度计、压力表式温度计、电阻温度计、热电偶温度计和辐射温度计。有机实验室用得最多的是膨胀式玻璃温度计。这种温度计又有酒精和汞温度计两种，而且有不同的测量范围与分度，使用时应根据实际情况选择适当的温度计。

选择温度计时必须注意三点：第一，不能选用最高可测温度低于待测物质温度的温度计；第二，测量 −30 ℃ ～ 300 ℃ 的物质用汞温度计（汞的熔点为 −38.87 ℃，温度过高汞会汽化，过低会凝固）；第三，测量 0 ℃ ～ 60 ℃ 的物质用酒精温度计（酒精的沸点为 78.4 ℃，温度过高酒精易汽化）。根据被测物质可能达到的最高温度，再高出 10 ℃ ～ 20 ℃ 来选择适当的温度计，既不能高出太多，也不能低于此数。温度计量程愈大，精确度就愈差，而量程太小，温度计就不安全。

以上是实验中遇到比较多的几种仪器，在实际选择中还要注意到整个装置乃至配套问题和某些特殊的需要。

（3）仪器的装配

仪器的装配是否正确直接关系着实验的成败。装配各种仪器及配件时，必须注意以下几点：

① 掌握仪器的用途、性能及使用方法，正确选用恰当、干净的仪器。否则可能会导致实验事故或影响产物的产量和质量。

② 实验中用得最多的加热方法是石棉网或电热套加热，另外还有水浴、油浴、沙浴、空气浴，常根据所需要温度的高低和化合物的特性来决定。一般低于 80 ℃ 的用水浴，高于 80 ℃ 的用油浴。如果化合物比较稳定，沸点较高且不易燃，可以在石棉网上加热，具体的选择原则见实验十一之注释[2]。

③ 从安全、整洁、方便和留有余地的要求出发，大致确定安排台面和装配仪器的位置。按照从下到上、从左到右的安装顺序逐个装配，拆卸时，按照与装配时相反的顺

序，逐一拆除。

④ 仪器用铁夹固定时不宜太松或太紧。铁夹不能与玻璃直接接触，应套上橡皮管、粘上石棉垫或用石棉绳包扎起来。需要加热的仪器，应夹住仪器受热最低的位置，冷凝管则应夹中下部位。

⑤ 装配完毕后必须先对仪器和装置仔细地进行检查。检查每件仪器和配件是否合乎要求，是否紧密连接，有无破损；整个装置是否正确、整齐（正看平行，侧看共面）、稳妥、严密；再检查装置安全问题（包括仪器安全、系统安全和环境安全）；注意装置是否与大气相通，不能是封闭体系。经检查确认装置没有问题后方能使用。

⑥ 实验完毕后，应马上按顺序拆洗仪器，以防磨口处黏结，再次使用时无法打开。

四、仪器的清洗与干燥

1. 仪器的清洗

实验前后都要对所用仪器进行彻底清洗，养成良好的实验习惯，因为玻璃仪器上沾染的污物会干扰反应的进程，影响反应速度，增加副产物的生成和分离纯化的难度，也会严重影响产品的收率和质量，情况严重时还会抑制反应而得不到所需产品。

洗涤玻璃仪器应根据具体的情况采用不同的方法。最简易的方法就是先用毛刷和洗衣粉擦洗，再用清水冲洗干净，一般洗涤 2～3 次。将仪器倒置，晾干。以器壁既不挂水珠，也不成股下流，而是留有一层均匀的水膜来表示仪器洗净，可供一般实验用。

有些有机化学反应残留物为胶状或焦油状，用毛刷和洗衣粉很难洗净，这时可根据具体情况先用有机试剂（如乙醇、丙酮、苯和乙醚等）浸泡，或用稀氢氧化钠溶液、浓硝酸煮沸除去。但不能盲目使用化学试剂或者有机溶剂来洗涤仪器，以免造成浪费或者危险。

若知道污染物为酸性，可用强碱性溶液荡洗或煮洗；若污染物为碱性，可选用不同浓度的强酸性溶液洗涤。此外，还有其他的洗涤方法，如超声波振动洗涤（常用于比较精密的分析仪器的洗涤）等，但目前尚不普及。

实验室里有时也用重铬酸钾洗液洗涤仪器。重铬酸钾洗液原本的颜色呈红棕色，经长期使用后变成绿色时，即表明已经失效，需重新配制。在使用重铬酸钾洗液洗涤前，应该把仪器上的污物特别是还原性物质尽量洗净。因为重铬酸钾洗液具有很强的腐蚀性和氧化性，所以在使用时要十分小心，切勿使之接触皮肤和衣物，用过的洗液应倒回原来的瓶子中，以供下次使用。

2. 仪器的干燥

仪器洗净后一般都需要干燥，因为水能干扰许多有机化学反应的正常进行，而且有的有机化学反应在有水存在的情况下根本得不到产物。干燥玻璃仪器常可根据需要干燥的仪器数量多少、要求干燥的程度高低及是否急用等采用不同的方法。

（1）在空气中晾干　实验结束后，将所用的仪器洗净后倒立放置，让其在空气中自然晾干，下次实验时可以直接使用，此方法可供大多数有机化学实验使用。

（2）在烘箱中烘干　适用于较大批量的仪器或需急用的仪器。

（3）用电吹风吹干　适用于数件至十余件需急用仪器，一两件亟待干燥的仪器可用电吹风吹干。

（4）使用有机溶剂干燥　将洗净的仪器用少量丙酮荡洗几次，用电吹风先后用冷—热—冷风吹干即可使用。

第 二 部 分

有机化学实验基本操作

◆塞子的钻孔和简单玻璃工操作

◆熔点的测定技术与温度计的校正

◆沸点的测定技术

◆简单蒸馏

◆水蒸气蒸馏

◆减压蒸馏

◆分馏

◆萃取

◆折光率的测定

◆旋光度的测定

◆升华

◆重结晶

◆薄层色谱

基本操作实验报告格式(仅供参考)

实验课题名称：_____

_____年_____月_____日   实验室：_____

实验人(小组)：_____   学　号：_____

一、实验目的

二、实验原理

三、仪器和试剂

四、实验装置图

(实验装置图中要正确画出主要装置中各仪器的相对位置、相对大小、角度等,一般要求用铅笔画图。)

五、实验内容及步骤

六、实验数据处理及结论、注意事项

(注意有效数字的位数。)

七、问题与讨论

(问题与讨论的内容包括实验的心得体会和对实验的意见、建议等。通过讨论来总结和巩固在实验中所学的理论和技术,进一步培养分析问题和解决问题的能力。)

实验一 塞子的钻孔和简单玻璃工操作

核心知识：塞子的选择及钻孔；酒精喷灯的使用；简单玻璃工操作
核心能力：独立操作与动手能力；防范并处理实验室火灾、烫伤的能力

一、实验目的

1. 掌握塞子的选择和练习塞子的钻孔方法。
2. 掌握玻璃管和玻璃棒的简单加工。

二、预习要求

了解实验室常用塞子的种类、规格；了解玻璃的物理性质；掌握钻孔器的选择原则；了解酒精喷灯和酒精灯的区别和使用范围；思考在本实验中如何防止割伤、烫伤、火灾等实验事故的发生。

三、实验意义

在有机化学实验中，用普通玻璃仪器装备实验装置时，常常会用到不同规格、形状和类型的玻璃管、塞子等配件。其中有些常用的玻璃用品如熔点管、减压蒸馏的毛细管、气体吸收和水蒸气蒸馏的弯导管、胶头滴管（玻璃端）等，由于某些原因需要自己动手加工制作。所以在实验中熟练地掌握玻璃管、玻璃棒的加工和塞子的选用及钻孔的方法，是进行有机化学实验必不可少的基本操作。

四、实验仪器

钻孔器（一套）、垫板、圆锉、三角锉、玻璃管（$\varnothing 0.5\ cm \sim 1.0\ cm$）、橡皮塞、软木塞、酒精喷灯、工业酒精、火柴等。

五、实验内容

1. 塞子的钻孔

（1）塞子的选择

① 类型的选择　软木塞和橡皮塞是有机实验室最常用的两种塞子。通常根据各自的特点和使用时的具体情况来选择合适的塞子。软木塞的优点是不易和有机化合物发生化学反应，缺点是容易漏气，容易被酸、碱腐蚀；而橡皮塞的优点是不易漏气，不易被碱腐蚀，缺点是容易被有机化合物所侵蚀或溶胀。一般说来，级别较低的有机实验室多使用橡皮塞，主要考虑安全性和经济成本；级别较高的有机实验室多使用软木塞，主要考虑有机物腐蚀和污染试剂，引入杂质等。

② 规格的选择　塞子的规格很多，通常用号数表示，如1号塞、2号塞……号数越大，塞子的直径就越大。塞子规格的选择原则是塞子的大小应与仪器的口径相适合，塞子进入瓶颈或管颈部分是塞子本身高度的$1/3 \sim 2/3$，否则就不合用，如图2-1所示。使用新的软木塞时只要能塞入$1/3 \sim 1/2$就可以了，因为经过压塞机压紧打孔后就有可能塞入$2/3$

左右了。

不正确　　　　正确　　　　不正确

图 2-1　塞子规格的选择原则

（2）钻孔器的选择

当有机化学实验中用到导气管、温度计、滴液漏斗等仪器时，往往需要插在塞子内，通过塞子和其他容器相连，这就需要在塞子上钻孔。

钻孔通常使用不锈钢制成的钻孔器（或打孔器）。这种钻孔器是靠手力钻孔的。也有把钻孔器固定在简单的机械上，借助机械力来钻孔的，这种机器叫打孔机。一套钻孔器一般有六支直径不同的钻嘴和一支钻杆，以供选择。

钻嘴的选择根据塞子的类型不同而不同。例如要将温度计插入软木塞，钻孔时就应选用比温度计的外径稍小或接近的钻嘴。而如果是橡皮塞，则要选用比温度计的外径稍大的钻嘴，因为橡皮塞有弹性，钻成后会收缩。

总之，所钻出的孔径的大小应该能够使欲插入的玻璃管或温度计紧密地贴合、固定。

（3）钻孔的方法

软木塞在钻孔之前，需在压塞机上压紧，防止在钻孔时塞子破裂。

钻孔时，先在桌面放一块垫板，其作用是避免当塞子被钻穿后钻坏桌面。然后把塞子小的一端朝上，平放在垫板上。左手紧握塞子，右手持钻孔器的手柄，如图 2-2 所示。在选定的位置，使钻孔器垂直于塞子的平面，用力将钻孔器按顺时针方向向下转动，不能左右摇摆，更不能倾斜。否则，钻得的孔道是偏斜的。等到钻至约塞子的一半时，按逆时针方向旋转取出钻嘴，用钻杆捅出钻嘴中的塞芯。然后把塞子大的一端朝上，将钻嘴对准小头的孔位，以上述同样的操作钻至钻穿。拔出钻嘴，捅出钻嘴中的塞芯。

图 2-2　钻孔的方法

为了减少钻孔时的摩擦，特别是对橡皮塞钻孔时，可以在钻嘴的刀口上涂一些甘油或者水。

钻孔后，要检查孔道是否合用。如果毫不费力就能把玻璃管插入，说明孔径偏大，玻璃管和塞子之间不够紧密贴合，会漏气，不合用。相反，如果极其费力才能插入，则说明孔径偏小，插入过程中容易导致玻璃管折断，造成割伤，也不合用。当孔径偏小或不光滑时，可以用圆锉修整。

2. 简单玻璃工操作

（1）玻璃管（棒）的清洗和干燥

玻璃管（棒）在加工前都要清洗和干燥，否则也可能导致实验事故。尤其是制备熔点管的玻璃管，必须先用洗液浸泡 30 min 以上，再用自来水冲洗和蒸馏水清洗，干燥后方能进行加工。

(2) 玻璃管(棒)的切割

取直径为 0.5 cm～1 cm 的玻璃管(棒),用锉刀(三角锉或扁锉均可)的边棱或小砂轮在需要切割的位置上朝同一个方向锉一个锉痕,锉痕深度约为玻璃管(棒)直径的 1/6 左右。注意不可来回乱锉,否则不但锉痕多,使锉刀和小砂轮变钝,而且容易使断口不平整,造成割伤。然后两手握住玻璃管(棒),以大拇指顶住锉痕的背后(即锉痕向前),两大拇指离锉痕均 0.5 cm 左右。两大拇指轻轻向前推,同时朝两边拉,玻璃管(棒)就可以平整断裂,如图 2-3 所示。为了安全起见,推拉时应离眼睛稍远一些,或在锉痕的两边包上布再折断。

图 2-3　玻璃管(棒)的折断

对于比较粗的玻璃管(棒),采取上述方法处理较难断裂。我们可以利用玻璃骤热或骤冷容易破裂的性质,采用以下方法来完成玻璃管(棒)的折断。即将一根末端拉细的玻璃管(棒)在酒精喷灯的灯焰上加热至白炽,使其成珠状,立即压触到用水滴湿的粗玻璃管(棒)的锉痕处,锉痕因骤然受强热而裂开。

裂开的玻璃管(棒)断口如果很锋利,容易割破皮肤、橡皮管或塞子,必须在灯焰上烧熔,使之光滑。方法是将玻璃管(棒)呈约 45°角,倾斜地放在酒精喷灯的灯焰边沿处灼烧,边烧边转动,烧到平滑即可。不可烧得过久,以免管口缩小。刚烧好的玻璃管(棒)不能直接放在实验台上,而应该放在石棉网上。

(3) 玻璃管(棒)的弯曲

① 酒精喷灯的使用　在玻璃管(棒)的弯曲过程中,常用到酒精喷灯。

酒精喷灯是利用压出式原理设计,以铜为原料制造而成,如图 2-4 所示的是改进了的酒精喷灯。使用前,旋开酒精入口旋钮 2,通过入口向底座 1 中加入工业酒精至体积的 4/5 左右,然后旋紧入口旋钮 2。使用时,在酒精槽 3 中加入少量工业酒精,并点燃此处的酒精。一段时间后,底座 1 中的酒精由于受热而变成蒸气,由喷射口 5 喷出,由酒精槽 3 处燃烧的火苗引燃。火焰可由控制柄 4 进行上下移动来调节。当听到"呼呼……"声,火焰呈蓝色时,说明火焰温度已经接近 500 ℃,就可以旋转控制柄 4 将其固定在此处以得到稳定的喷射火焰。

图 2-4　酒精喷灯

若要熄灭酒精喷灯,用石棉网直接盖住喷射口 5 即可。

② 玻璃管(棒)的弯曲　玻璃管(棒)受热变软时,就可以进行弯曲操作,制成实验中所需要的配件。但在弯曲过程中,管的一面要收缩,另一面则要伸长。收缩的面易使管壁变厚,伸长处易使管壁变薄。操之过急或不得法,弯曲处会出现瘪陷或纠结现象,如图 2-5(c)所示。

进行弯管操作时,两手水平地拿着玻璃管,将其在酒精喷灯的火焰中加热,如图 2-5 (a)所示。以需弯曲处为中心,受热长度约 1 cm,边加热边缓慢转动使玻璃管受热均匀。当玻璃管加热至黄红色并开始软化时,就要马上移出火焰(切不可在灯焰上弯玻璃管),两

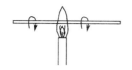
（a）酒精喷灯加热玻璃管

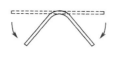
（b）弯管

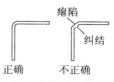
（c）弯成的玻璃管

图 2-5　制作玻璃弯管

手水平持玻璃管轻轻用力，顺势弯曲至所需要的角度，如图 2-5（b）所示。注意弯曲速度不要太快，否则在弯曲的位置易出现瘪陷或纠结；也不能太慢，否则玻璃管又会变硬。

弯玻璃管的操作应注意以下两点：两手旋转玻璃管的速度必须均匀一致，否则弯成的玻璃管会出现歪扭，致使两臂不在同一平面上；玻璃管受热程度应掌握好，受热不够则不易弯曲，容易出现纠结或瘪陷，受热过度则容易在弯曲处的管壁出现厚薄不均匀或瘪陷。质量较好的玻璃弯导管应在同一平面上，无瘪陷或纠结出现，如图 2-5（c）所示。

大于 90°的弯导管应一次弯到位。小于 90°的则要先弯到 90°，再加热由 90°弯到所需角度。

对于管径不大（小于 7 mm）的玻璃管，可采用重力的自然弯曲法进行弯管。其操作方法是：取一段适当长的玻璃管，一手拿着玻璃管的一端，将玻璃管要弯曲的部分放在酒精灯的最外层火焰上加热，不要转动玻璃管。开始时，玻璃管与灯焰互相垂直，随着玻璃管慢慢自然弯曲，玻璃管手拿端与灯焰的夹角也要逐渐变小。这种自然弯法的特点是玻璃管不转动，比较容易掌握。但由于弯时与灯焰的夹角不可能很小，从而限制了弯曲的最小角度，一般只能是 45°左右。

用以上方法弯管要注意三点：玻璃管受热段的长度要适当长一点；火不宜太大，弯的速度不要太快；玻璃管成角的两端与酒精灯火焰必须始终保持在同一平面。

（4）胶头滴管的拉制

实验室常用的胶头滴管（玻璃端）也可以自己拉制。其方法是：

两手水平地拿着玻璃管，两肘部放在实验台上，以保证玻璃管的水平。将玻璃管在酒精喷灯的火焰中加热，如图 2-6（a）所示。受热长度约 1 cm，边加热边缓慢转动使玻璃管受热均匀。当玻璃管加热至黄红色并开始软化时，立即移出火焰（切不可在灯焰上拉制玻璃管），两手水平持着同时轻轻用力往外拉，拉至如图 2-6（b）所示的形状。注意拉的速度不要太快，否则中间部分会很细，也不能太慢。

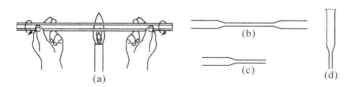

图 2-6　胶头滴管的拉制

冷却后用锉刀将其截断，即变成两个胶头滴管，如图 2-6（c）所示。将大的一端在火焰上烧熔，用圆锉将其熨大，如图 2-6（d）所示，就可以套上胶头了。

加工后的玻璃管（棒）均应及时进行退火处理。退火方法是：趁热在弱火焰中加热一会，然后将其慢慢移出火焰，再放在石棉网上冷却到室温。如果不进行退火处理，玻璃管

(棒)内部会因骤冷而产生很大的应力,使玻璃管(棒)断裂。即使不立即断裂,过后也可能断裂。

六、思考题

1. 选用塞子时要注意哪些问题?
2. 钻孔时钻孔器不垂直于塞子的平面,结果会怎样?
3. 截断玻璃管时要注意哪些问题?加热玻璃管时怎样防止玻璃管被拉歪?
4. 怎样弯曲和拉细玻璃管?

实验二　熔点的测定技术与温度计的校正

核心知识：熔点的概念；熔点的测定技术及意义；温度计的校正方法
核心能力：操作熔点测定仪的能力；防范并处理实验室酸灼伤的能力

一、实验目的

1. 了解熔点测定的意义。
2. 掌握测定熔点的操作技术。
3. 了解温度计的校正方法。

二、预习要求

理解熔点的定义；了解熔点测定的意义；了解尿素的物理性质；了解浓硫酸烧伤的急救办法；思考在本实验中如何防止浓硫酸烧伤、烫伤、火灾等实验事故的发生。

三、实验原理

同一物质的固、液两态在大气压力下达到平衡状态时的温度叫该物质的熔点。也可以简单理解为固体化合物受热达到一定的温度由固态转变为液态，此时的温度就是该化合物的熔点。一般说来，纯净的有机物有固定的熔点，即在一定压力下，固、液两相之间的变化是非常灵敏的。固体开始熔化（即初熔）至固体完全熔化（即全熔）的温度差不超过 $0.5\,℃\sim1\,℃$，这个温度差叫做熔点范围（或称熔距或熔程）。如果混有杂质则熔点下降，熔距也较长，由此可以鉴定纯净的固体有机化合物。根据熔距的长短还可以定性地估计出该化合物的纯度，所以此法具有很大的实用价值。

在一定温度和压力下，若某一化合物的固、液两相处于同一容器中，这时可能发生三种情况：① 固体熔化即固相迅速转化为液相；② 液体固化即液相迅速转化为固相；③ 固液共存即固液两相同时存在。如何决定在某一温度时哪一种情况占优势，可以从该化合物的蒸气压与温度的曲线图来理解，如图 2-7 所示。

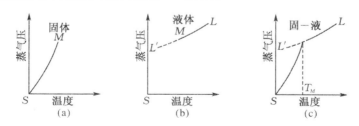

图 2-7　化合物的蒸气压与温度曲线

图 2-7(a)中曲线 SM 表示的是固态物质的蒸气压随温度升高而增大的曲线。图 2-7(b)中曲线 $L'L$ 表示的是液态物质的蒸气压随温度升高而增大的曲线。如将图 2-7(a)和图 2-7(b)中的曲线加合，即得图 2-7(c)中的曲线。

由图 2-7(c)可以看出：固相的蒸气压随温度的变化速率比相应的液相大，两曲线相交于 M 处，说明此时固、液两相的蒸气压是一致的。此时对应的温度 T_M 即为该化合物的熔点。当温度高于 T_M 时,固相的蒸气压比液相的蒸气压大,使得所有的固相全部转化为液相;反之,若低于 T_M 时,则由液相转变为固相;只有当温度为 T_M 时,固、液两相才能同时存在(即两相动态平衡,也就是说此时固相熔化的量等于液相固化的量)。这就是纯净的有机化合物有固定而又灵敏的熔点的本质原因。

当温度超过熔点 T_M 时(即使是极小的变化),如果有足够的时间,固体也可以全部转变为液体。所以在精确测定熔点时,接近熔点时的加热速度一定要尽量地慢,每分钟升高的温度不能超过 1 ℃～2 ℃。只有这样才能使整个熔化过程尽可能接近于两相平衡的条件。

四、仪器和试剂

铁架台(带铁夹)、b 形管(泰勒管)、毛细管、缺口橡皮塞、温度计、橡皮圈、研钵、干燥器、长玻璃管、酒精灯、工业酒精、火柴等。

尿素(AR)、浓硫酸。

五、实验内容

熔点测定对有机化合物的性质研究具有很大的实用价值,如何准确地测出熔点是一个重要问题。目前测定熔点的方法,以毛细管法较为简便,应用也较广泛。放大镜式微量熔点测定法在加热过程中可观察到晶形变化的情况,且适用于测定高熔点微量化合物。现分别介绍如下:

1. 毛细管法

(1)毛细管的熔封　用大拇指和食指拿着一根洁净干燥的毛细管(通常内径为 1 mm,长 6 cm～7 cm)的一端,使毛细管与酒精灯的火焰呈约 45°角,把另一端的端点部分放在酒精灯的外焰边缘上(不要放进去太多)灼烧,边烧边转动。一直烧到毛细管端口封合就立即移出火焰。做到毛细管既要封严,又不扭成块,也不弯曲。放在石棉网上冷却待用。

(2)试样的填装　将待测样品从干燥器中取出,在研钵中迅速研磨成很细的粉末,堆积在一起。将毛细管开口端向下插入粉末中,反复 2～3 次,然后将毛细管开口端朝上,封口端轻轻在桌面上敲击,使样品聚集于管内封口端。或取一支长 30 cm～40 cm 的干净的长玻璃管,垂直于桌面上,将毛细管开口端朝上从玻璃管上端自由落下,以便使粉末试样装填紧密结实,受热时均匀。装入的试样如有空隙则传热不均匀,影响测定结果。上述操作要重复数次,直至样品高度与所用温度计水银球高度相当时为止。操作要迅速,防止样品吸潮。沾在毛细管外的粉末必须擦干净,以免污染加热浴液(本实验中为浓硫酸[1])。

(3)仪器的装配　毛细管法测定熔点的装置很多,本实验采用如下最常用的装置,如图 2-8 所示。此装置主要仪器是泰勒管(又叫 b 形管、熔点测定管)。将 b 形管夹在铁架台上,侧管向右。将浓硫酸装入 b 形管中至高出上侧管约 0.5 cm 为宜。b 形管管口配一单孔缺口软木塞,将温度计插入孔中,刻度应向着软木塞缺口且都对着观察者,以便读数。用橡皮圈[2]把毛细管附着在温度计旁,使样品高度与温度计水银球高度重合,如图 2-9 所示。温度计在 b 形管中的位置以水银球中心恰在 b 形管的两侧管连接部分的中部为准。

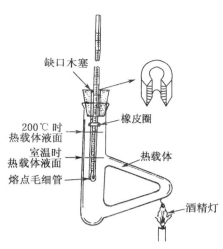

缺口木塞

橡皮圈

200℃时
热载体液面

热载体

室温时
热载体液面

熔点毛细管

酒精灯

图 2-8　b 形管熔点测定装置　　　　　图 2-9　样品毛细管的位置

这种装置测定熔点的优点是管内液体因温度差而发生对流作用,省去人工搅拌的麻烦,缺点是温度计的位置和加热的部位都会影响测定的准确度。

(4)熔点的测定　当上述准备工作完成之后,把装置放在光线充足的地方即可进行下述操作。

加热时,先用小火缓缓预热,再使火焰固定在 b 形管的侧管尖端部分加热。开始时升温速度可以快些,以每分钟上升 3℃～4℃ 的速度升温,直至比所预料的熔点低 10℃～15℃ 时,减慢加热速度(方法是使用间断热源,即时而撤去酒精灯,时而加热),使温度上升速度每分钟约 1℃ 为宜。此时应特别注意温度的上升和毛细管中样品的情况。愈接近熔点,升温速度应愈缓慢。至比所预料的熔点低 2℃～3℃ 时,控制温度每分钟约上升 0.2℃～0.3℃。

(5)读数与记录　当毛细管中样品开始塌落和有湿润现象时,记下塌落温度;随后很快就会出现小滴液体,表示样品开始熔化(即始熔),记下始熔温度;继续微热至样品固体全部消失成为透明液体(即全熔),记下全熔温度,此即为样品的熔点[3]。始熔和全熔的温度读数差,即为该化合物的熔距。要注意在加热过程中试样是否有萎缩、变色、发泡、升华、碳化等现象,均应如实记录。

例如:某一化合物在 112℃ 时开始萎缩塌落,113℃ 时有液滴出现,在 114℃ 时全部成为透明液体,应记录为:

现象	塌落	始熔	全熔	熔距
温度	112℃	113℃	114℃	1℃
其他现象	实验过程中无其他明显现象			

熔点测定至少要有两次平行测定(注意两次测定间温度计上浓硫酸的处理)。每一次测定必须用新毛细管另装试样,不能将已经测过熔点的毛细管冷却,使其中试样固化后再做第二次测定。因为加热过程中样品可能会部分分解、吸收杂质,有些经加热冷却后会转变为具有不同熔点的其他结晶形式而导致熔点发生改变。

若测定未知物的熔点,应先对试样粗测一次,加热速度可以稍快,知道大致的熔点和熔距,待浴温冷至熔点以下30℃后,另取一根熔点管进行准确的测定。

(6)后处理   将温度计从浴液中拿出,冷却至接近室温后,用纸快速擦去浓硫酸(慢了容易使纸被浓硫酸碳化变黑)后,方可用水冲洗,以免浓硫酸遇水发热,使温度计水银球破裂。待浴液冷却后,方可将浓硫酸倒回瓶中回收,否则热的浓硫酸很容易导致烧伤。最后拆除实验装置,将结果送交指导教师检查。

2．微量熔点测定法

用毛细管测定熔点的优点是仪器简单、方法简便,但缺点是不能准确细致的观察晶体在加热过程中的具体变化过程。为了克服这一缺点,可用放大镜式微量熔点测定装置,如图2-10所示。这种熔点测定装置的优点是可以测量高熔点(室温至350℃)试样的熔点,用量少。通过放大作用可以观察试样在整个加热过程中的各种变化,例如晶体的失水、多晶的变化及分解等。

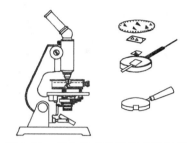

图2-10   放大镜式微量熔点测定器

使用该法测定熔点时,先将载玻片洗净、擦干,放在一个可移动的支持器内,将微量试样研细平铺在载玻片上(注意不可堆积),就可以从镜孔看到一个个晶体外形。然后使载玻片上试样位于电热板的中心空洞上,用另一载玻片盖住试样。调节镜头,使显微镜焦点对准试样,然后开启加热器给样品加热,用变压器调节加热速度。如前所述,温度越接近熔点时加热速度应该越慢。当温度接近试样熔点时,控制温度上升的速度为每分钟0.2℃～0.3℃。试样的晶体棱角开始变圆说明试样开始熔化(即始熔),晶体形状完全消失说明固态晶体全部熔化(即全熔)。

记录相关数据后停止加热,待冷却后用镊子拿走载玻片,将一厚铝片放在电热板上以加快其冷却速度,然后清洗载玻片,以备再用。

3．混合熔点试验

如前所述,如果有机物中混有杂质则其熔点下降,熔距也变长,由此可以鉴定纯净的固体有机化合物。

实验证明,即使将两种熔点相同的有机物(例如肉桂酸和尿素的熔点均为133℃)等量混合再测定其熔点,测得值也要比它们各自的熔点低很多,而且熔距大。这种现象叫混合熔点下降,这种试验叫做混合熔点试验,是用来检验几种熔点相同或相近的有机物是否为同一物质的最简便的物理方法。

通常将熔点相同的两种化合物混合后测定混合物熔点,如果实测值与混合物中某一个相同,则说明两化合物相同(形成固熔体除外)。一般采用三种不同比例1:9,1:1,9:1将两试样分别混合,与原来未混合的两试样分别装入5支熔点管中同时测定熔点,以观察测得的结果是否相同。两种熔点相同的不同化合物混合后熔点并不降低反而升高的情况很少出现。

4．温度计的校正

温度计有全浸式和半浸式两种。全浸式温度计的刻度是在温度计汞线全部均匀受热的情况下刻出来的。温度计在使用时,温度计读数与真实温度值之间常有一定的偏差。

这可能是由制作温度计时毛细孔径不均匀、刻度不准确等原因造成的。所以要获得准确的温度测量值,可选用纯有机化合物的熔点作为标准或选用一标准温度计进行校正。

选择数种已知熔点的有机化合物为标准,测定它们的熔点,以熔点测定值为纵坐标、熔点测定值与标准熔点之间的差值为横坐标作图,即可得到校正曲线。由此可从校正曲线上读出任一温度对应的校正值。常用标准样品见表 2-1。

表 2-1　常用标准样品

样品名称	熔点(℃)	样品名称	熔点(℃)
水—冰	0	尿素	135
α-萘胺	50	二苯基羟基乙酸	151
二苯胺	54～55	水杨酸	159
对二氯胺	53	对苯二酚	173～174
苯甲酸苄酯	71	3,5-二硝基苯甲酸	205
萘	80.6	蒽	216.2～216.4
间二硝基苯	90	酚酞	262～263
二苯乙二酮	95～96	蒽醌	288(升华)
乙酰苯胺	114.3	肉桂酸	188
苯甲酸	122.4	内消旋酒石酸	140

六、注释

[1] 浓硫酸具有强腐蚀性,实验时应特别小心,既要防止灼伤皮肤和眼睛(可带护目镜),又要注意勿使样品或其他有机物触及浓硫酸。所以填装样品时,沾在管外的样品必须擦去,否则浴液会变成棕色或黑色妨碍观察。如果浴液变黑,可加少许硝酸钠(或硝酸钾)晶体,加热后便可使黑色褪去。也可用液体石蜡作浴液。

[2] 橡皮圈应靠近毛细管开口端,否则易被浓硫酸腐蚀而引起浓硫酸的变色。

[3] 特殊试样熔点的测定。

① 易升华物质:利用压力对熔点影响不大的原理来测定。填装好试样后将毛细管的两端都封闭起来,再将熔点管全部浸入浴液中,其余步骤同上。

② 易吸潮物质:为了避免在测定过程中试样吸潮使熔点降低,要求装样快,装好后立即将毛细管开口端在小火上熔封。

③ 易分解物质:易分解样品的熔点测定值与加热快慢有关。为了能准确测得熔点,测定这类物质熔点时常需要作较详细的说明,用括号注明"分解"。

七、思考题

1. 下列情况对熔点测定值有什么影响?

(1)毛细管没有封严;(2)毛细管不洁净;(3)试样研磨得不够细;(4)试样填装得不紧实;(5)加热速度太快。

2. 在微量熔点测定法中,什么情况下可以加热快一些而什么情况下要加热慢一些?

3. 若选用 α-萘胺、间二硝基苯、苯甲酸为标准品对温度计进行校正并作出校正曲线,那么能否得到测定尿素熔点时的温度计校正值? 若不能,该如何处理?

实验三　沸点的测定技术

核心知识：沸点的概念；沸点的测定技术及意义
核心能力：独立测定沸点的能力；结果处理与分析的能力；防范并处理实验室火灾的能力

一、实验目的

1. 了解测定沸点的意义。
2. 掌握微量法测定沸点的操作技术。

二、预习要求

理解沸点的定义；了解沸点测定的意义；了解乙醇、甘油的物理性质；理解沸点与蒸气压的关系；比较沸点测定装置和毛细管法测定熔点的装置有何异同。

三、实验原理

当液体的蒸气压等于外界大气压时液体沸腾,此时的温度称为沸点。也可以简单理解为液态化合物受热达到一定的温度由液态转变为气态,此时的温度就是该化合物的沸点。通常所说的沸点,就是指在 101.3 kPa(760 mmHg,1 mmHg≈133.3 Pa)压力下液体沸腾时的温度。例如水的沸点为 100 ℃,是指在 101.3 kPa 压力下水在 100 ℃时沸腾。

液体分子在不停地运动。温度与压强一定时,在液体的表面存在着液态分子汽化和气态分子液化,所以液体有一定的蒸气压。实验证明,液体的蒸气压与温度有关,且随温度的升高而增大,如图 2-11 所示。当液体的蒸气压增大至与外界液面的总压力(通常是大气压)相等时,开始有气泡不断地从液体内部逸出,即液体沸腾,这时的温度即为该液体的沸点。显然,液体的沸点与外界压力的大小有关。如果外界压力不同,同一液体的沸点也会发生改变。

与熔点类似,纯净的液体有机物在一定的压力下具有一定的沸点。液体含杂质时则沸点降低。测定液体有机化合物的沸点也是鉴定液体有机化合物纯度的一种常用方法。但是,具有固定沸点的液体不一定都是纯净的有机化合物。因为某些有机化合物常常和其他组分形成二元或三

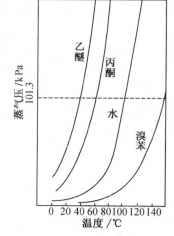

图 2-11　蒸气压与温度的关系

元恒沸混合物,它们也有一定的沸点,如普通酒精是含 95.6％乙醇和 4.4％水的恒沸混合物,沸点为 78.15 ℃。

沸点的测定有常量法和微量法两种。样品不多时,通常采用微量法即毛细管法。常量法(即蒸馏)则用量较大。不管用哪种方法来测定沸点,在测定之前必须设法对液体进行纯化。本实验采用毛细管法测定无水乙醇的沸点。

四、仪器和试剂

铁架台（铁夹）、酒精灯、b 形管、毛细管、玻璃管（直径∅ 5 mm，一端封口）、胶头滴管、温度计、橡皮圈、缺口橡皮塞、火柴等。

无水乙醇（分析纯）、甘油、工业酒精。

五、实验步骤

1. 沸点管的准备

取一支干净的直径为 4 mm～5 mm、长 7 cm～8 cm 的玻璃管，用酒精喷灯封闭其一端（方法与熔点毛细管的制备相似，要求封严），作为沸点管的外管待用；取一支直径约为 1 mm、长 5 cm～6 cm 的毛细管，用小火封闭一端，作为沸点管的内管待用。

2. 样品的填装

用胶头滴管在外管中滴入欲测定沸点的无水乙醇样品 5～6 滴。样品不宜过少，否则有可能在测定出其沸点前就已经汽化完毕。把内管开口向下插入装有样品的外管的底部，并用橡皮圈将外管固定在温度计上，使样品的高度恰好与温度计的水银球高度重合，如图 2-12 所示。

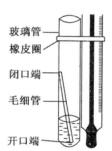

玻璃管
橡皮圈
闭口端
毛细管
开口端

图 2-12 沸点管与温度计的位置

3. 仪器的装配

把温度计和沸点管固定在一起，如图 2-12 所示。一起放入 b 形管适当位置，以甘油为浴液，橡皮圈应该在浴液的液面以上，装配成与毛细管法测定熔点类似的装置。

4. 样品的升温

以每分钟 4 ℃～5 ℃的速度加热升温。随着温度的升高，内管内的蒸气压逐渐增大。随着不断加热，液体分子的汽化加快，可以看到内管中有小气泡冒出。随着温度的升高，小气泡冒出速度越来越快。加热时温度达到甚至超过样品的沸点时，将会发现内管中有一连串的小气泡冒出。

5. 读数与记录

当出现一连串均匀的小气泡时停止加热，使浴液温度自行下降。随着温度的降低，气泡逸出的速度渐渐减慢。仔细观察，记下最后一个气泡出现而刚欲缩回至内管的一瞬间的温度，就是此液体的沸点。因为这种现象表明此时毛细管内液体的蒸气压与外界大气压平衡。

6. 后处理

将温度计从浴液中拿出，冷却至接近室温，用纸擦去甘油后，再用水冲洗干净。待浴液冷却后，方可将甘油倒回瓶中回收，否则热的甘油可能导致烫伤。最后拆除实验装置，将结果送交指导教师检查。

六、注意事项

在采用微量法测定沸点时，要注意以下三点：

1. 加热不能过快，样品量不宜太少，以防液体全部汽化。

2. 沸点内管里的空气要尽量排干净,停止加热前一定要让沸点内管里有一连串均匀的气泡冒出。

3. 观察现象要仔细及时,进行三次平行实验,温度计的两次读数相差不要超过 1℃。

七、思考题

1. 什么是沸点? 液体的沸点和蒸气压有什么关系?

2. 微量法测定沸点时如何判断沸点温度?

3. 纯净物的沸点恒定吗? 沸点恒定的物质是纯净物吗?

4. 沸点测定装置与熔点测定装置有何异同?

实验四 简 单 蒸 馏

核心知识:蒸馏的概念;止爆剂的作用及原理;蒸馏的作用;有机化学实验装置的要求
核心能力:独立进行蒸馏操作的能力;选择合适冷凝管的能力;结果处理与分析的能力;防范并处理实验室触电等安全事故的能力

一、实验目的

1. 学习蒸馏的基本原理及其应用。
2. 掌握简单蒸馏的实验操作技术。

二、预习要求

理解蒸馏的定义;了解沸程的定义;了解简单蒸馏的用途;了解什么样的组分分离才能采用蒸馏的方法;了解冷凝管的种类和使用范围;掌握什么是止暴剂及其止暴原因;掌握有机实验装置搭配顺序和标准;思考在本实验中如何防止火灾、玻璃仪器炸裂、倒吸等实验事故的发生。

三、实验原理

蒸馏就是将液体混合物加热至沸腾使液体汽化,然后将蒸气冷凝为液体的过程。通过蒸馏可以使液态混合物中各组分得到部分或全部分离,所以液体化合物的纯化和分离、溶剂的回收,经常采用蒸馏的方法来完成。蒸馏通常用来分离两组分液态混合物,但是采用此方法并不能使所有的两组分液态混合物得到较好的分离效果。当两组分的沸点相差比较大(一般相差 20 ℃~30 ℃以上)时,才可得到较好的分离效果。另外,如果两种物质能够形成恒沸混合物,也不能采用蒸馏法来分离。

利用蒸馏法还可以测定液态化合物的沸点。用蒸馏法测定沸点的方法叫常量法,此法样品用量较大,一般要消耗 10 mL 以上。在蒸馏过程中,馏出第一滴馏分时的温度与馏出最后一滴馏分时的温度之差叫做沸程。液态化合物的沸程较小、较稳定,一般不超过 0.5 ℃~1 ℃。沸程可以代表液态化合物的纯度,一般说来,纯度越高,沸程越小。

四、仪器和试剂

铁架台(铁夹、铁圈)、酒精灯、石棉网、蒸馏烧瓶、蒸馏头、直形冷凝管、温度计、温度计套管(或单孔橡皮塞)、尾接管、接液瓶、量筒、橡皮管、沸石等。
50%乙醇、蒸馏水、工业酒精。

五、实验内容

1. 蒸馏装置简介
实验室的蒸馏装置如图 2-13 所示。主要包括下列三个部分:
(1)蒸馏部分 主要包括铁架台、热源(如酒精灯等)、蒸馏烧瓶(带支管和不带支管两种)、蒸馏头、温度计等仪器。蒸馏过程中,液体在蒸馏烧瓶内受热汽化,蒸气经支管进入冷凝管。支管与冷凝管靠单孔橡皮塞相连(若使用不带支管的蒸馏烧瓶则要用蒸馏头），支管伸出塞子外 2 cm～3 cm。

（2）冷凝部分　主要仪器是冷凝管，其作用是使蒸气在冷凝管中冷凝成为液体。常用的冷凝管有四种，即空气冷凝管、直形冷凝管、蛇形冷凝管、球形冷凝管，如图 1-2 所示。常根据不同的沸点范围来选择适当的冷凝管。一般说来，液体的沸点高于 130 ℃时用空气冷凝管，沸点在 70 ℃～130 ℃之间时用直形冷凝管或球形冷凝管，沸点低于 70 ℃时用蛇形冷凝管。冷凝管下侧管为进水口，用橡皮管接自来水龙头，上侧管为出水口，用橡皮管套接将水导入水槽，如图 2-13 所示。上端的出水口朝上，才可保证套管内充满着水，才会有较好的冷凝效果。

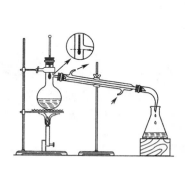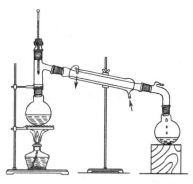

（a）普通仪器蒸馏装置　　　　（b）标准磨口玻璃仪器蒸馏装置

图 2-13　蒸馏装置

（3）接液部分　主要包括尾接管或真空尾接管、接液瓶。当蒸馏低沸点或毒性较强的液体时，应采用真空尾接管，在其支管上套上橡皮管并导入下水道或通风橱口。常用接液瓶是三角烧瓶或圆底烧瓶，应与外界大气相通。

2．蒸馏装置的安装

安装有机化学实验装置总的原则是从下到上，从左往右，由简到繁。

在铁架台上放置一酒精灯，以酒精灯火焰高度来调节石棉网的位置。取一个干燥的蒸馏烧瓶，用铁夹夹在靠近瓶口的瓶颈部分，并固定在铁架台上，使蒸馏烧瓶的底部在石棉网上方 1 mm～2 mm。瓶口配一个单孔橡皮塞（若为标准磨口玻璃仪器则此处采用配套的蒸馏头和温度计套管即可），插入适当量程、分度的温度计，调整温度计的位置时务必使在蒸馏时水银球完全被蒸气所包围，才能正确地测得蒸气的温度。通常是使水银球的上边缘恰好与蒸馏烧瓶支管接口的下边缘在同一水平线上，如图 2-13（a）所示。

在支管处套上一个适合于冷凝管口的单孔橡皮塞。先将选定的冷凝管的两侧管口接上橡皮管，旋转冷凝管使其侧管一个朝上、一个朝下，然后用另一铁架台上的铁夹夹住冷凝管的重心部位（约中下部，离下端约 1/3 处），调整固定器的位置（即上下移动铁夹的位置），务必使冷凝管和蒸馏烧瓶的支管尽可能在同一直线上，如图 2-14 所示。然后松开冷凝管上的铁夹，使冷凝管在此直线上移动，与蒸馏烧瓶相连后，再固定铁夹。下侧管接自来水龙头，上侧管将水导入水槽。

图 2-14　冷凝管的位置

在冷凝管下端口处套上一个适合于尾接管口的单孔橡皮塞,再接上尾接管和接液瓶。由于尾接管没有固定装置,容易滑下,所以蒸馏过程中要特别小心。接液瓶应与外界大气相通,高度不够时可以垫上垫板。

3. 蒸馏操作

(1)检漏 仪器安装好后,应认真检查仪器各部位连接处是否严密,是否为封闭体系。

(2)加料 检漏后,取下蒸馏烧瓶上口的塞子(或温度计套管),加入数粒止暴剂[1](又叫助沸物或沸石),将 50% 乙醇通过玻璃漏斗倒入蒸馏烧瓶,注意漏斗的尖嘴部分的位置,如图 2-15 所示。塞好带温度计的塞子,再仔细检查一遍装置是否正确,各仪器之间的连接是否紧密,有没有漏气[2]。

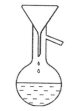

图 2-15 加液方法

(3)蒸馏 加热前,先慢慢打开水龙头,使冷却水充满冷凝管,并引入水槽。放好热源后开始加热[3]。先用小火加热,以免蒸馏烧瓶因局部过热而炸裂,再慢慢增大火力,可以看到蒸馏瓶中液体逐渐沸腾,蒸气上升,温度计读数略有上升。当蒸气到达温度计水银球部位时,温度计读数急剧上升。这时应稍稍调小火力,使加热速度略为下降,蒸气停留在原处,使瓶颈和温度计充分受热,让水银球上液滴和蒸气温度达到平衡,然后又稍稍加大火力进行蒸馏。

控制加热以调节蒸馏速度,一般以每秒蒸出 1～2 滴为宜。蒸馏过程中,温度计水银球上常有液滴并且比较匀速地滴下,此时的温度即为液体与蒸气达到平衡时的温度,温度计的读数就是液体(馏分)的沸点。

蒸馏时火力不能太大,否则会出现蒸馏瓶的颈部过热的现象,使部分液体的蒸气直接接受了热源的热量,这样测得值会偏高;反之,若加热火力太小,蒸气到达不了支管口处,温度计的水银球不能为蒸气充分润湿而使测得值偏低或不规则。

(4)收集馏分 在达到收集物的沸点之前,常有沸点较低的液体先蒸出。这部分馏出液称为前馏分。蒸完前馏分温度趋于稳定后,馏出的就是较纯物质,这时应更换接液瓶。记下开始馏出第一滴和馏出最后一滴时的温度,其温度差就是该馏分的沸程。当某一组分蒸完后,这时若维持原来温度就不会再有馏液蒸出,温度计读数会突然下降。遇到这种情况,应停止蒸馏。

蒸馏操作中,即使杂质(或某一组分)含量很少,也不要蒸干,因为温度升高,被蒸馏物可能发生分解,影响产物纯度或发生其他意外事故。特别是蒸馏硝基化合物及含有过氧化物的溶剂(如乙醚)时,切忌蒸干,以防爆炸。

(5)后处理 蒸馏完毕,应先移走热源,待稍冷却后再关好冷却水,以免发生倒吸现象。拆除仪器(顺序与装配时相反),洗净。

六、注释

[1] 常用的止暴剂都是多孔性物质,如碎瓷片或玻璃沸石等。当液体加热到沸腾时,止暴剂内的小气泡成为液体分子的汽化中心(也可以理解为将大气泡变成小气泡),使液体平稳地沸腾,防止液体因过热而产生暴沸。如果蒸馏已经开始但是忘了加沸石,此时千万不要直接加沸石,否则会引起剧烈的暴沸,必须等液体冷却后再补加。如果加热中断,

再加热时也应该重新加入沸石,因为原来的沸石上的小孔已经被液体充满,不能再起到汽化中心的作用。

还可以用一端封闭的毛细管作为止暴剂,但是要注意其正确的使用方法,即封口朝上插入蒸馏烧瓶底部,如图 2-16 所示。

正确   不正确

图 2-16　毛细管作为止暴剂时的放置

[2] 所用的塞子不能漏气,以免在蒸馏过程中有蒸气渗漏而造成产物的损失,甚至有可能发生火灾。如果漏气,换用另一适合的塞子。

[3] 蒸馏易燃、易挥发的物质时不能用明火,而应用热浴,否则易引起火灾。

七、思考题

1. 在装置中,把温度计水银球插至液面上或蒸馏烧瓶支管口上是否正确?这样会发生什么问题?

2. 如果加热过猛,测定出来的沸点会不会偏高?为什么?

3. 沸石在蒸馏中的作用是什么?忘记加沸石时,应该怎样补加?

实验五　水蒸气蒸馏

核心知识:水蒸气蒸馏的概念及适用范围、作用
核心能力:独立进行水蒸气蒸馏操作的能力;产品后处理与实验事故原因分析的能力

一、实验目的

1. 学习水蒸气蒸馏的原理及其应用。
2. 掌握水蒸气蒸馏的装置及其操作方法。

二、预习要求

理解水蒸气蒸馏的定义;了解水蒸气蒸馏的用途;掌握水蒸气蒸馏的适用范围;掌握有机实验装置装配顺序;思考在本实验中如何防止水蒸气烫伤、火灾、玻璃仪器炸裂、倒吸等实验事故的发生。

三、实验原理

当水和不溶或者难溶于水[1]的有机化合物共热时,整个体系的蒸气压力根据道尔顿分压定律,应为各组分蒸气压之和,即可以表示为:

$$p = p_水 + p_A$$

上式中 p 为总的蒸气压,$p_水$ 为水的蒸气压,p_A 为有机化合物的蒸气压。

当整个体系的蒸气压力(p)等于外界大气压时,混合物开始沸腾,这时的温度即为它们的沸点。所以混合物的沸点将比其中任何一组分的沸点都要低些,即有机物可以在比其沸点低得多的温度下,而且在低于 100 ℃ 的温度下随水蒸气一起蒸馏出来,这样的操作叫水蒸气蒸馏。水蒸气蒸馏是用来分离和提纯液态或固态有机化合物的重要方法。常见水蒸气蒸馏的混合物沸点见表 2-2。

表 2-2　常见水蒸气蒸馏的混合物沸点

有机化合物	沸点/ ℃	$p_水$/kPa	p_A/kPa	混合物沸点/ ℃
乙苯	136.2	75.58	25.66	92
溴苯	156.1	86.11	15.20	95.5
苯甲醛	178	93.78	7.55	97.9
苯胺	184.4	95.64	5.67	98.4
硝基苯	210.9	98.44	2.68	99.2
1-辛醇	195.0	99.18	2.13	99.4

例如在制备乙苯时,将水蒸气通入含乙苯的反应混合物[2]中,当温度达到92 ℃时,乙苯的蒸气压为 25.66 kPa,水的蒸气压为 75.58 kPa,两者之和接近大气压,于是混合物沸腾,乙苯就随水蒸气一起被蒸馏出来。蒸馏时混合物的沸点保持不变,直到其中某一组分几乎全部蒸出。

随水蒸气蒸馏出来的有机物和水,两者的质量比 $m_A/m_水$ 等于两者的分压 p_A 和 $p_水$

分别与两者的相对分子质量 M_A 和 $M_水$ 的乘积之比,因此在馏出液中有机物和水的质量比可以按下式计算:

$$\frac{m_A}{m_水}=\frac{M_A \cdot p_A}{M_水 \cdot p_水}$$

例如:$p_水=75.58\,\text{kPa}$,$p_{乙苯}=25.66\,\text{kPa}$,$M_水=18$,$M_{乙苯}=106$,代入上式得:

$$\frac{m_{乙苯}}{m_水}=\frac{106\times25.66}{18\times75.58}=2.0$$

即每蒸出 2 g 乙苯,便伴随蒸出 1 g 水,乙苯和水再分液即可。

四、仪器和试剂

铁架台(铁圈、铁夹)、电炉、石棉网、圆底烧瓶、双孔橡皮塞、弯导管、橡皮管、T 形管、长玻璃弯导管、蒸馏烧瓶、单孔橡皮塞、直形冷凝管、尾接管、接液瓶、沸石等。

乙苯、自来水。

五、实验内容

1. 水蒸气蒸馏装置

实验室的水蒸气蒸馏装置如图 2-17 所示。主要包括水蒸气发生器部分、蒸馏部分、冷凝部分和接收器四个部分,其中后三个部分与简单蒸馏装置类似。

图 2-17　水蒸气蒸馏装置　　　　图 2-18　金属制的水蒸气发生器

水蒸气发生器顾名思义就是产生水蒸气的装置,一般是用金属制成的,如图 2-18 所示。实验室常用容积较大的短颈圆底烧瓶代替,瓶口配一双孔软木塞,一孔插入长玻璃管 (50 cm~60 cm)作为安全管,另一孔插入水蒸气导出管。导出管用橡皮管与 T 形管相连。T 形管的下管口上套一短橡皮管,橡皮管上用螺旋夹夹住。T 形管的另一端与蒸馏部分的水蒸气导入管[3]相连。这段水蒸气导入管应尽可能短些,以减少水蒸气的冷凝,且 T 形管右边比左边稍高出一点,可以使冷却水又流回至水蒸气发生器。T 形管可以用来除去冷凝下来的水,在蒸馏过程中发生不正常的情况时,还可以使水蒸气发生器与大气相通,方法是:将夹子夹在 T 形管与水蒸气导入管之间的橡皮管上即可,小心烫伤。

蒸馏部分通常是采用三口蒸馏烧瓶(也可用双颈蒸馏烧瓶,即克氏蒸馏烧瓶)。左口塞上塞子;中口插入水蒸气导入管,要求插到液面以下,距瓶底 6 mm~7 mm;右口连接馏出液导出管(或蒸馏头),导出管末端连接一直形冷凝管,组成冷凝部分。被蒸馏的液体体积不能超过烧瓶容积的三分之一。也可以用短颈圆底烧瓶代替三口蒸馏烧瓶,且一般将烧瓶倾斜 45°左右,这样可以避免由于蒸馏时液体沸腾剧烈而从导出管冲出,污染馏出液。

为了减少因反复移换容器而引起产物损失,常直接利用原来的反应器(即非长颈圆底烧瓶),按如图 2-19 所示的装置进行水蒸气蒸馏,如果产物不多,则改用如图 2-20 所示的半微量装置。

图 2-19 用原容器进行水蒸气蒸馏   图 2-20 少量物质的水蒸气蒸馏

通过观察水蒸气发生器安全管中水面的高低,可以判断出整个水蒸气蒸馏系统是否畅通。若水面上升很高,则说明有某一部分阻塞,这时应将夹在 T 形管下端口的夹子取下,改夹到 T 形管与水蒸气导入管之间的橡皮管上,然后移去热源,稍冷却后拆下装置进行检查(一般多数是水蒸气导入管下管被树脂状物质或者油状物质所堵塞)和处理。否则,就会发生塞子冲出、液体飞溅的危险。

2. 水蒸气蒸馏操作

(1)检漏 依据图 2-17 所示,将仪器按顺序安装好后,应认真检查仪器各部位连接处是否严密,是否为封闭体系。

(2)加料 在水蒸气发生器中加入 2/3~3/4 体积的热水,并加入几粒止暴剂。从三口蒸馏烧瓶的左口加入乙苯和几粒止暴剂,塞好塞子,再仔细检查一遍装置是否连接正确,各仪器之间的连接是否严密,有没有漏气。将夹子夹在 T 形管与水蒸气导入管之间的橡皮管上。

(3)蒸馏 加热至沸腾。当有大量水蒸气产生并从 T 形管的下管口冲出时,先接通冷凝水,将夹子改夹在 T 形管下端口,水蒸气便进入蒸馏部分,蒸馏开始。在蒸馏过程中,如果由于水蒸气的冷凝而使三口烧瓶内液体量增加,以至超过三口烧瓶容积的 2/3,或者水蒸气蒸馏速度不快时,则可在三口蒸馏烧瓶下垫上石棉网,一起加热。如果蒸馏剧烈,则不能加热,以免发生意外。蒸馏速度控制在每秒1~2滴为宜。

(4)收集馏分 当馏出液无明显油珠,澄清透明时,便可停止蒸馏。

在蒸馏过程中,必须经常检查安全管中的水位是否正常,有无倒吸现象,三口烧瓶内液体飞溅是否厉害。一旦发生不正常情况,应该立即将夹在 T 形管下端口的夹子取下,改夹到 T 形管与水蒸气导入管之间的橡皮管上,然后移去热源,找原因排故障。当故障排除后,才能继续蒸馏。

(5)后处理 蒸馏完毕,应先取下 T 形管上的夹子,移走热源,待稍冷却后再关好冷却水,以免发生倒吸现象。拆除仪器(顺序与装配时相反),洗净。

六、注释

[1] 使用水蒸气蒸馏,被提纯的化合物必须满足三个条件:① 不溶或难溶于水;

② 在沸腾状态下与水不发生化学反应;③ 在 100 ℃左右,该化合物应具有一定的蒸气压(至少 666.5 Pa～1 333 Pa)。

[2] 水蒸气蒸馏法常用于下列几种类型的分离:① 反应混合物中含有大量树脂状杂质或不挥发性杂质;② 从较多固体反应混合物中分离被吸附的液体产物;③ 某些沸点高的有机化合物,在常压下达到沸点时虽然可以与副产物分离,但容易被破坏,采用水蒸气蒸馏可在 100 ℃以下蒸出,如苯胺。

[3] 水蒸气导入管的弯制:取一长度适宜的玻璃管,选择适当位置,弯成呈 80°角左右的导气管即可。要求与 T 形管相连接的一段要短一些,而插入三口蒸馏烧瓶的一段则要适当长一些,但要注意过长则无法插入三口蒸馏烧瓶中,过短则接触液体不深或不能接触液体。

七、思考题

1. 用水蒸气蒸馏苯胺水溶液,试计算馏出液中苯胺的质量百分比。

2. 水蒸气蒸馏时,水蒸气导入管的末端为什么要插至接近容器的底部?

3. 试找出水蒸气蒸馏和普通蒸馏装置的不同点,并说明原因。

实验六　减　压　蒸　馏

核心知识:减压蒸馏的概念及适用范围、作用;旋转蒸发仪的使用

核心能力:独立进行减压蒸馏操作的能力;防范并处理实验室压力装置安全事故的能力

一、实验目的

1. 学习减压蒸馏的原理及其应用。
2. 掌握减压蒸馏仪器的安装及其操作技术。

二、预习要求

理解减压蒸馏的定义;了解减压蒸馏的用途及适用范围;了解各种泵的减压效率;巩固有机实验装置装配顺序;掌握测压计的使用;思考在本实验中如何防止汞中毒、玻璃仪器炸裂、倒吸等实验事故的发生。

三、实验原理

减压蒸馏(又称真空蒸馏),顾名思义就是减少蒸馏系统内的压力,以降低其沸点来达到蒸馏纯化目的的操作,是分离和提纯有机化合物的一种重要方法。实验证明:当压力降低到 1.3 kPa～2.0 kPa 时,许多有机化合物的沸点可以比其常压下的沸点降低 80 ℃～100 ℃。因此,减压蒸馏对于分离或提纯沸点较高或者性质比较不稳定的液态有机化合物具有特别重要的意义。因为这类有机化合物往往未加热到沸点即已分解、氧化、聚合,或者其沸点很高很难达到,而采用减压蒸馏就可以避免以上现象的发生,所以减压蒸馏也是分离、提纯液态有机化合物常用的方法。

一般把低于 101.3 kPa 压力的气态空间称为真空,所以减压蒸馏亦称真空蒸馏。

在减压蒸馏实验前,应先从文献中查阅该化合物在所选压力下相应的沸点。如果缺乏此数据,常用下述经验大致推算,仅供参考。

当蒸馏在 1 333 Pa～1 999 Pa 压力下进行时,压力每相差 133.3 Pa,沸点相差约 1 ℃。在实际减压蒸馏中,可以参阅图 2-21,估计一个化合物的沸点与压力的关系,从某一压力下的沸点可推算另一压力下的沸点(近似值)。

例如,常压下沸点为 250 ℃的某有机物,减压到 1 333 Pa 时沸点应该是多少?可先从图 2-21 中的 B 线(中间的直线)上找出 250 ℃的沸点,将此点与 C 线(右边直线)上的 10 mmHg 的点连成一直线,延长此直线与 A 线(左边的直线)相交,交点所示的温度就是 1 333 Pa 时该有机物的沸点,约为 110 ℃。此沸点虽然为估计值,但推算较为简便,有一定参考价值。

沸点与压力的关系也可以近似地用下式求出:

$$\lg p = A + \frac{B}{T}$$

其中,p 为蒸气压(Pa),T 为沸点(热力学温度,K),A 和 B 为常数。如以 $\lg p$ 为纵坐标,T 为横坐标,可以近似地得到一直线。从两组已知的压力和温度算出 A 和 B 的数值,

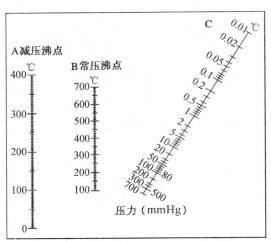

图 2-21 液体在常压下的沸点和减压下的沸点近似关系图

再将所选择的压力代入上式即可算出液体的沸点。但实际上许多化合物沸点的变化并不是如此,主要是因为化合物分子在液体中的缔合程度不同。

四、仪器和试剂

热浴锅、铁架台(带铁夹)、双颈蒸馏烧瓶、玻璃管、螺旋夹、冷凝管、多头尾接管、抽滤瓶、冷却阱、压力计、无水氯化钙干燥塔、氢氧化钠干燥塔、石蜡片干燥塔、油泵(或水泵)等。

粗糠醛、水。

五、实验内容

1. 减压蒸馏装置

减压蒸馏装置如图 2-22 所示,主要包括蒸馏、量压、保护和减压四部分。

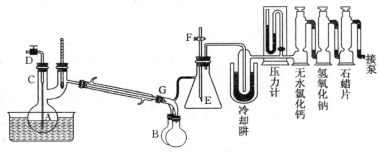

图 2-22 减压蒸馏装置

(1) 蒸馏部分 主要仪器有热浴锅、双颈蒸馏烧瓶 A(又称克氏蒸馏烧瓶)、毛细管 C、冷凝管、多头尾接管 G、接液瓶 B 等。

通常根据馏出液沸点的不同选择合适的浴液,不能直接用火加热。减压蒸馏过程中,一般控制浴液温度比液体的沸点高 20 ℃～30 ℃。双颈蒸馏烧瓶 A 的设计目的是防止由于暴沸或者泡沫的发生而使混合液溅入蒸馏烧瓶支管。毛细管 C(其实是一端拉成毛细管的玻璃管,拉制方法见实验一)插入到距瓶底 1 mm～2 mm 处,可以防止暴沸,又可以用来平衡气压。毛细管 C 的粗口端套上一段橡皮管,用螺旋夹 D 夹住,用来调节进入瓶中的空气量。否则,将会引入大量空气,达不到减压蒸馏的目的。

蒸馏 150 ℃ 以上物质时,可用干净的蒸馏烧瓶作为接液瓶;蒸馏 150 ℃ 以下物质时,接液器前应连接合适的冷凝管。如果蒸馏不能中断或要分不同的温度段接收馏出液,则要采用多头尾接管。通过转动多头尾接管使不同馏分收集到不同接液瓶中。

(2)量压部分　主要仪器是测压计(如水银测压计),其作用是测量减压蒸馏系统的压力。水银测压计的结构如图 2-23 所示。

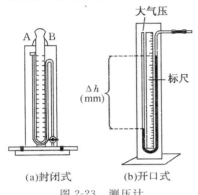

(a)封闭式　(b)开口式
图 2-23　测压计

图 2-24　装汞装置

① 封闭式水银测压计设计轻巧、读数方便,但是这种测压计在装汞时要严格控制不能让空气进入,否则其准确度将受到影响。所以常用特定的装汞装置(如图 2-24 所示)进行装汞:先将纯净的汞放入小圆底烧瓶内,然后按照图 2-24 所示,将圆底烧瓶与测压计连接,用高效油泵抽真空至 13.33 Pa 以下。然后一边轻拍小烧瓶,使汞内的气泡逸出,一边微热玻璃管,使气体抽出,最后把汞注入 U 形管,停止抽气,放入大气即可。

② 开口式水银测压计测量准确、装汞方便,但是比较笨重,所用 U 形管的高度要超过 760 mm。U 形管两壁汞柱高度之差即为大气压力与系统中压力之差,所以使用时要配有大气压计。另外,由于是开口式,操作时要小心,不要使汞冲出 U 形管。

(3)保护部分　主要包括安全瓶、冷却阱和几个气体吸收塔,其作用是吸收对真空泵有损害的各种气体或者蒸气,借以保护减压设备。

一般用吸滤瓶作安全瓶 E,因为它壁厚耐压。安全瓶的连接位置与方法如图 2-22 所示,活塞 F 用来调节压力及放气。冷却阱(又叫捕集管)用来冷凝水蒸气和一些低沸点物质,冷却阱外用冰—盐或冰—水混合物冷却。无水氯化钙(或用硅胶)干燥塔用来吸收经冷却阱后还未除净的残余水蒸气。氢氧化钠吸收塔用来吸收酸性蒸气。最后装上石蜡片干燥塔,用来吸收烃类气体。

(4)减压部分　主要装置是减压泵。采用不同的减压泵,可以获得不同的真空度。用水泵可获得 1.333 kPa～100 kPa 的真空,常称为"粗"真空;用油泵可获得 0.133 Pa～1 333 Pa 的"次高"真空;用扩散泵可获得小于 0.133 Pa 的"高"真空。在有机化学实验室中,通常根据需要选择水泵或油泵即可达到目的。

水泵在室温下其抽空效率可以达到 1 070 Pa～3 332.5 Pa,此效率取决于水泵的结构、水压、水温等因素。如用水泵抽气,则减压蒸馏装置可简化,如图 2-25 所示。由图可知安全瓶不能少,它可以防止水压下降时水流倒吸。停止蒸馏时要先放气,后关泵。

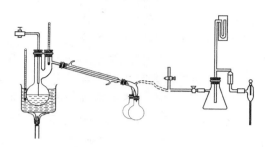

图 2-25　用水泵的减压蒸馏装置

若需要较低的压力,可采用油泵。好的油泵应能抽到 133.3 Pa 以下。但是由于油泵的成本较高,所以如果能用水泵抽气的,则尽量使用水泵。一定要用油泵时,蒸馏前必须先用水泵彻底抽去系统中的有机溶剂蒸气,然后改用油泵,并且在蒸馏部分和减压部分之间必须装有气体吸收装置。

减压系统必须保持管道畅通,密封不漏气,橡皮管要用厚壁的橡皮管,磨口玻璃塞涂上真空脂。另外,整套装置中的所有仪器必须是耐压的。

2. 减压蒸馏的操作

(1) 安装、检漏　依据图 2-22 所示,将仪器按顺序安装好后,先检查系统能否达到所要求的压力。检查方法为:先旋紧双颈蒸馏烧瓶 A 中毛细管上的螺旋夹 D,再关闭安全瓶上的活塞 F。用泵抽气,观察测压计能否达到要求的压力。若达到要求,就慢慢旋开安全瓶上的活塞,放入空气,直到内外压力相等。如果漏气,则需在漏气部位涂上熔化的石蜡。

(2) 加料、抽气　在双颈蒸馏烧瓶中加入粗糠醛水溶液,注意不得超过容积的 1/2。旋紧安全瓶上的活塞,开动抽气泵,调节安全瓶上的活塞 F,观察测压计能否达到要求的压力(粗调)。如果还有微小差距,可调节毛细管上的螺旋夹来控制导入的空气量(微调),以能冒出一连串的小气泡为宜。

(3) 加热、蒸馏　一段时间后,系统内压力达到所要求的低压时,便开始加热。蒸馏过程中,要经常注意测压计上所指示的压力和温度计读数。控制蒸馏速度以 1～2 滴/秒为宜。待达到某一馏分的沸点时,移开热源,更换接收器,收集馏分直至蒸馏结束。

(4) 后处理　蒸馏完毕,先停止加热,再慢慢旋开夹在毛细管上的橡皮管的螺旋夹,并慢慢打开安全瓶上的活塞放入空气(若放开得太快,水银柱很快上升,有冲破测压计的可能),平衡内外压力,使测压计的水银柱慢慢地恢复原状,然后才可以关闭抽气泵,以免抽气泵中的油或水倒吸入干燥塔。最后拆除仪器。

六、思考题

1. 在什么情况下需要用减压蒸馏?

2. 在减压蒸馏装置中为什么要有吸收装置?

3. 水泵的减压效率如何?

4. 使用油泵时要注意哪些事项?

5. 减压蒸馏过程中为什么不能直接用火加热?

实验七 分 馏

核心知识：分馏的概念及适用范围；分馏效率的影响因素

核心能力：独立进行分馏操作的能力；选择合适分馏柱的能力；产品后处理与分析的能力

一、实验目的

1. 掌握分馏的原理及其应用。
2. 学会分馏仪器的安装及其操作技术。

二、预习要求

理解分馏的定义；了解分馏的用途及适用范围；巩固有机实验装置装配顺序；掌握分馏柱的选择与使用；思考在本实验中如何防止火灾、玻璃仪器炸裂、倒吸等实验事故的发生。

三、实验原理

如前所述，蒸馏是分离沸点相差较大的液态混合物的常用方法，而对于沸点接近的液态混合物采用蒸馏法就不能进行很好的分离，这时应该采用分馏。利用分馏柱使几种沸点相近而又互溶的液态混合物按沸点由低到高依次进行分离的方法称为分馏。它适合于多组分混合物的分离与提纯（称为精馏），所以被广泛应用于化学工业和实验室中。现在最精密的分馏设备已经能够将沸点相差 1 ℃～2 ℃的液态混合物分开。

分馏的基本原理与蒸馏相似，不同之处是在装置上多一个分馏柱，其作用就是使汽化、冷凝的过程由一次增加为多次。实际上，分馏就是多次蒸馏。

将几种沸点相近而又互溶的液态混合物加热至沸腾，混合物就开始汽化，混合物蒸气进入分馏柱（工业上称为精馏塔）并不断上升。由于分馏柱外空气的冷凝作用，部分蒸气被冷凝。由于沸点较高的组分容易被冷凝，所以冷凝液中就含有较多的高沸点物质，而蒸气中低沸点组分就相对增多。当冷凝液在柱中向下回流时，与上升的蒸气接触，气液两相之间进行热的交换和质的交换：一方面蒸气将热量传递给向下回流的液体，蒸气温度降低，使蒸气中高沸点组分被冷凝而流回烧瓶，低沸点组分仍呈蒸气上升；另一方面向下回流的液体得到上升蒸气的热量后温度升高，使冷凝液中低沸点组分受热汽化而重新上升。这样，在分馏柱内经多次热交换和质交换，多次冷凝与汽化，低沸点组分不断上升最后被蒸馏出来，高沸点组分则不断流回到容器中。当第一个组分分离完毕后，第二个较低沸点的组分会重复前面的过程，直至将第二个组分分离。这样如此反复，便可将沸点相近的各组分全部分离开来（能形成恒沸混合物者除外）。

分馏效率主要取决于分馏柱，与柱高、填充物、保温性能和回流比有关。分馏沸点相差较小的组分时，应该选用长一点的分馏柱；在柱高相同的分馏柱中，填料的表面积越大，分馏效率越高；分馏高沸点物质时，可用棉布或者石棉绳等保温材料包住分馏柱进行保温。

四、仪器和试剂

铁架台(铁夹)、电炉、石棉网、电热套、圆底蒸馏烧瓶、维氏分馏柱、温度计、温度计套管、直形冷凝管、真空尾接管、接液瓶、橡皮管、棉布(或者石棉绳)、沸石、量筒等。

丙酮(AR)、乙醇(AR)、水。

五、实验内容

1. 分馏仪器

简单分馏仪器主要包括热源、圆底蒸馏烧瓶、分馏柱、温度计、直形冷凝管、真空尾接管、接液瓶等。

分馏柱是一根长玻璃管,在管中均匀、紧密地填以特制的填料,如玻璃珠、玻璃碎片、钢丝球等,目的是增大气液接触面积以提高分离效果。常见的分馏柱有三种,如图 2-26 所示。

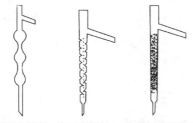

球形分馏柱　维氏分馏柱　赫姆帕分馏柱

图 2-26　常见的分馏柱

图 2-27　简单分馏装置

本实验中用 6 个 150 mL 的锥形瓶作为接液瓶,用记号笔依次编为 1～6 号。

2. 简单分馏装置的安装

如图 2-27 所示,将仪器按顺序安装好后,将蒸馏烧瓶、分馏柱、冷凝管分别用铁夹固定。分馏柱外可以包缠石棉绳或者棉布等保温材料。对于非磨口分馏柱,柱内填充物不要装得过高,以免填料戳破温度计水银球。温度计的位置与简单蒸馏中一样,接液管高度不够可适当垫高。

3. 分馏操作

(1) 第一次分馏　量取 100 mL 丙酮、乙醇、蒸馏水的混合液(1∶1∶1)加到 250 mL 蒸馏烧瓶中,放进几粒沸石,打开冷凝水,用电热套加热至沸腾后,及时调节火力大小,使蒸气缓慢而均匀地沿分馏柱壁上升约 10 min,温度计水银球上出现液滴,记下第一滴馏出液滴入接液瓶时的温度。调小火力,让蒸气全回流到蒸馏烧瓶中,维持 5 min 左右,调大火力进行分馏,使馏出液下滴速率为 2～4 滴/秒。分别用 1～6 号接液瓶收集柱顶温度为 56 ℃以下,56 ℃～63 ℃,63 ℃～76 ℃,76 ℃～83 ℃,83 ℃～94 ℃,94 ℃以上的馏分。当柱顶温度达 94 ℃时停止分馏,让分馏柱内的液体流入蒸馏烧瓶中。待烧瓶冷却至室温时,将烧瓶中的残液与 6 号接液瓶的馏分合并。量出并记录各段馏分的体积。

(2) 第二次分馏　要想得到更纯的组分,常需进行二次或多次分馏。

按上面的操作,将 1 号接液瓶中的馏分(即 56 ℃以下的馏分)倒入空的蒸馏烧瓶中,加沸石再加热分馏,用 1 号瓶收集 56 ℃以下的馏分。当温度升至 56 ℃时,暂停分馏[1]。待烧瓶冷却后,将 56 ℃～63 ℃的馏分倒入烧瓶残液中,继续加热分馏,用 1 号瓶收集

56 ℃以下的馏分,用 2 号瓶收集 56 ℃～63 ℃的馏分。当温度上升至 63 ℃时,又暂停加热。如上法,将 63 ℃～76 ℃,76 ℃～83 ℃,83 ℃～94 ℃的馏分分批加入蒸馏烧瓶,继续分馏,分别用 1～5 号瓶收集 56 ℃以下,56 ℃～63 ℃,63 ℃～76 ℃,76 ℃～83 ℃,83 ℃～94 ℃的馏分,最后将残液与 6 号瓶中液体合并。量出和记录第二次分馏所得各级馏分的体积于表 2-3 中。

表 2-3　乙醇—水混合物分馏的馏分表

接液瓶序号	温度范围	各段馏分的体积/mL	
		第一次	第二次
1	56 ℃以下		
2	56 ℃～63 ℃		
3	63 ℃～76 ℃		
4	76 ℃～83 ℃		
5	83 ℃～94 ℃		
6	残液(含 94 ℃以上)		

（3）以温度为纵坐标,各段馏分的体积为横坐标作图,可得到分馏曲线。

（4）计算分馏效率。在多次分馏中,以 56 ℃～63 ℃所得馏分的体积占丙酮理论值的百分比作为丙酮的分馏效率,以 76 ℃～83 ℃所得馏分的体积占乙醇理论值的百分比作为乙醇的分馏效率。

六、注释

[1] 将各段馏分倒入蒸馏烧瓶时,必须先停止加热,让蒸馏烧瓶冷却几分钟。否则容易因丙酮或乙醇蒸气外逸而造成损失,分馏效率下降。

七、思考题

1. 分馏和蒸馏的原理、装置及操作有何异同?

2. 进行第二次分馏时,在操作上应注意些什么? 对分馏速度有何要求?

实验八　萃　　取

核心知识:萃取的概念、原理及适用范围;萃取效率的影响因素;分液漏斗的使用

核心能力:独立进行萃取操作的能力;选择合适萃取剂的能力;准确判断上下层组分的能力,产品后处理与分析的能力;防范并处理易燃易爆易挥发有机物安全事故的能力

一、实验目的

1. 掌握分液漏斗的使用方法。
2. 学习萃取法的原理和操作技术。

二、预习要求

理解萃取、萃取效率的定义;了解萃取的用途及适用范围;掌握萃取剂的选择原则;了解分液漏斗的使用;了解乙醚的性质;思考在本实验中如何防止有机物中毒、玻璃仪器炸裂等实验事故的发生。

三、实验原理

萃取是指把萃取剂加入到混合物中将其中某一组分提取出来,然后通过分液达到分离和提纯目的的操作,它也是分离和提纯有机物常用的操作之一。常见的萃取是液液萃取(即从液体混合物中萃取液体),也有固液萃取。

例如有机化合物 X 溶解于溶剂 A 形成溶液,现要从溶液中萃取 X。首先我们要选择一种溶剂 B 来完成萃取操作,这种溶剂就叫萃取剂。萃取剂 B 应该满足四个基本条件:① X 在 B 中的溶解度极好,且远远大于在 A 中的溶解;② B 与 A 不互溶;③ B 毒性小,不与 X、A 起化学反应;④ B 与 X 易于分离。

将 X 与 A 的混合溶液加入分液漏斗中,再加入萃取剂 B,充分振荡、静置后,由于 X 在 B 中的溶解度极好,且远远大于在 A 中的溶解度,所以有一部分 X 从 A 中出来而溶解到 B 中,同时因为 A 和 B 不相溶,故分液漏斗中的混合溶液分成上、下两层。实验证明,在一定温度下,X 与 A、B 两溶剂不发生分解、电解、缔合和溶剂化等作用时,X 在上、下两层中浓度之比是一个定值,这个值就叫做分配系数,以 K 表示,这种关系叫做分配定律。分配定律可用公式表示如下:

$$\frac{c_A}{c_B} = K \text{（分配系数）}$$

上式中,c_A 和 c_B 分别为 X 在溶剂 A、萃取剂 B 中的浓度。

有机化合物在有机溶剂中的溶解度一般比在水中的大,所以用有机溶剂萃取溶解于水的化合物时,分配系数 K 一般都小于 1。对于在两液相中分配系数 K 较小的物质,一般使用分液漏斗萃取 3~4 次便足够了;而对于分配系数 K 接近 1 的物质,必须经多次萃取,最好采用连续萃取的方法。

常用萃取后溶质 X 在萃取剂 B 中的量占 X 总量的百分数来表示萃取效率,即:

$$\eta\text{（萃取效率）} = \frac{\text{X 在萃取剂 B 中的量}}{\text{X 的总量}} \times 100\%$$

影响萃取效率的因素很多,如温度、萃取时间、萃取剂的用量等。依照分配定律,要节省萃取剂而提高萃取的效率,将一定量的溶剂一次全加入溶液中萃取,不如把这个量的溶剂分成几份作多次萃取。证明过程如下:

第一次萃取 由于溶质 X 的量不多,所以可以认为萃取前后溶剂 A 的体积不变,设为 $V(\text{mL})$。再设溶质 X 的总含量为 $W_0(\text{g})$,第一次萃取时所用萃取剂 B 的体积为 V_B (mL),第一次萃取后溶质 X 在溶剂 A 中的剩余量为 $W_1(\text{g})$,所以第一次萃取后溶质 X 在萃取剂 B 中的含量为 $(W_0-W_1)(\text{g})$。则:

萃取后溶质 X 在溶剂 A 中的浓度为 $W_1/V(\text{g}\cdot\text{mL}^{-1})$;

萃取后溶质 X 在萃取剂 B 中的浓度为 $(W_0-W_1)/V_B(\text{g}\cdot\text{mL}^{-1})$。

故由分配定律得:$\dfrac{\dfrac{W_1}{V}}{\dfrac{W_0-W_1}{V_B}}=K$,整理后得:$W_1=W_0\cdot\dfrac{K\cdot V}{KV+V_B}$。

第二次萃取 依据以上计算思路且每次所用萃取剂 B 的体积均为 $V_B(\text{mL})$,则最后整理可得:

$$W_2=W_1\cdot\frac{K\cdot V}{KV+V_B}$$

以 $W_1=W_0\cdot\dfrac{K\cdot V}{KV+V_B}$ 代入,则得 $W_2=W_0\left(\dfrac{K\cdot V}{KV+V_B}\right)^2$。

依此类推,每次萃取所用萃取剂 B 的体积均为 V_B,经过 n 次萃取后,溶质 X 在溶剂 A 中的剩余量为:

$$W_n=W_0\left(\frac{K\cdot V}{KV+V_B}\right)^n$$

例如 15 ℃时,用 100 mL 苯萃取溶解在 100 mL 水中的 4 g 正丁酸。已知 15 ℃时正丁酸在水中和苯中的分配系数 $K=1/3$,若一次性用 100 mL 苯来萃取,则萃取后正丁酸在水溶液中的剩余量为:

$$W_1=4\times\frac{\dfrac{1}{3}\times100}{\dfrac{1}{3}\times100+100}=1.0\,(\text{g})$$

即用 100 mL 苯进行一次萃取,可以提取出 3 g 正丁酸,萃取效率为 75%。

若将 100 mL 苯分成三次萃取,即每次用 33.33 mL 来萃取,经过第三次萃取后,正丁酸在水溶液中的剩余量为:

$$W_3=4\times\left[\frac{\dfrac{1}{3}\times100}{\dfrac{1}{3}\times100+\dfrac{1}{3}\times100}\right]^3=0.5\,(\text{g})$$

即用 100 mL 苯分三次进行萃取,可以提取出 3.5 g 正丁酸,萃取效率为87.5%。所以用同一份量的溶剂,分多次用少量溶剂来萃取,其效率高于一次用全量溶剂来萃取。一般同体积的萃取剂分 3~4 次萃取,即可达到较好的萃取效率。

若不知道分配系数,也可以采用其他方法来计算萃取效率。如本实验采用酸碱中和滴定求出水层中乙酸的量,进而计算萃取效率。

四、仪器和试剂

铁架台(铁圈)、移液管、洗耳球、分液漏斗、锥形瓶、碱式滴定管等。

冰醋酸水溶液(1:19)、乙醚、酚酞、0.200 0 mol·L⁻¹氢氧化钠标准溶液。

五、实验内容

1. 分液漏斗的使用

常用的分液漏斗有球形、锥形和梨形三种。在有机化学实验中,分液漏斗主要有四种用途,即分液(分离两种分层而不起反应的液体)、萃取(从溶液中萃取某一组分)、洗液(用水、酸或碱洗涤某种产品)、滴液(用来滴加某种试剂,即代替滴液漏斗)。

在使用分液漏斗前必须先检查上口及整个漏斗是否完整无缺,再检查玻璃塞和活塞处是否漏液。检漏方法:关闭活塞,从分液漏斗的上口加入适量水,盖紧玻璃塞。将其放在铁圈上静置1 min～2 min,观察活塞处是否有水滴出现,若没有,则说明活塞处紧密度良好。然后将分液漏斗倒立,用右手食指托住玻璃塞,观察玻璃塞处是否有水滴出现。若没有,则将分液漏斗正立后,把玻璃塞旋转180°后再倒立,再观察玻璃塞处是否有水滴出现。若没有,才能说明分液漏斗不漏液。

如活塞处有漏液现象,应先取下活塞,用纸或者干布擦干活塞及活塞孔道的内壁,然后用玻璃棒蘸取少量凡士林,先在活塞靠近把手的一端抹上一层凡士林,注意不要抹在活塞的孔中,再在活塞两边也抹上一圈凡士林,然后插上活塞,逆时针旋转至透明时,即可使用。

使用分液漏斗时不能用手拿住分液漏斗的下端,也不能用手拿住分液漏斗进行分液。玻璃塞拔出后才能开启活塞进行分液,否则由于气压的关系液体很难放出来。分液操作完成后,上层的液体不能从下口放出,而要由上口倒出。分液漏斗用完后要用水冲洗干净,玻璃塞要用薄纸包裹后才能塞在上口。

2. 一次萃取法

将已检漏的分液漏斗放在铁圈上,关好活塞。用移液管准确量取10.00 mL冰醋酸水溶液($V_{冰醋酸}:V_水=1:19$,密度为1.06 g·mL⁻¹)加入分液漏斗中,加入30 mL乙醚(注意近旁不能有火,否则易引起火灾)。用右手食指的末节将分液漏斗玻璃塞顶住(以防塞子冲出),再用大拇指及食指和中指握住漏斗。同时左手的食指和中指蜷握在活塞的柄上夹紧活塞,如图2-28所示。上下轻轻振摇分液漏斗,每隔几秒钟将漏斗倒置(下端口朝上),小心打开活塞,放出由于振荡导致的乙醚蒸气(乙醚的沸点低,极易挥发)。重复操作3～4次,然后再用力振荡1 min～2 min[1],使乙醚与醋酸水溶液充分接触以提高萃取效率。

图2-28　分液漏斗的使用

将分液漏斗置于铁圈上,静置2 min～3 min[2]。当溶液分成两层后,取下玻璃塞,小心旋开活塞(方法与控制酸式滴定管的活塞相同),慢慢放出下层水溶液[3]于 50 mL 锥形瓶内。加入 3～4 滴酚酞作指示剂,用 0.200 0 mol·L^{-1}氢氧化钠标准溶液滴定,记录消耗的氢氧化钠的体积。计算:(1)留在水中的醋酸量;(2)一次萃取的萃取效率。

3. 多次萃取法

准确量取 10.00 mL 冰醋酸水溶液($V_{冰醋酸}$:$V_水$=1:19,密度为 1.06 g·mL^{-1})加入到分液漏斗中,用 10 mL 乙醚如上法萃取,下层水溶液放入 50 mL 锥形瓶,醚层由上口倒入指定容器。水溶液转移至分液漏斗中,再用 10 mL 乙醚萃取,分出的水溶液仍用 10 mL 乙醚萃取。如此前后共计三次。最后将第三次萃取后的水溶液放入 50 mL 的锥形瓶内,用 0.200 0 mol·L^{-1}氢氧化钠标准溶液滴定,记录消耗的氢氧化钠的体积。计算:(1)留在水中的醋酸量;(2)三次萃取的萃取效率。

根据上述两种不同方法所得数据,比较萃取醋酸的效率。

4. 固液萃取

使用分液漏斗从固体物质中提取物质(即固液萃取)时,时间长,效率低,萃取剂用量大。所以实验室多使用如图 2-29 所示的脂肪提取器(索氏提取器),而不使用分液漏斗。

将研细的固体放入滤纸筒(用滤纸卷成的圆柱,其直径稍小于提取筒的内径,一端用线扎紧)中,轻轻压实,再盖上一滤纸片。蒸馏烧瓶中加入适量萃取剂,装成如图 2-29 所示的装置后开始加热。萃取剂沸腾后,其蒸气由侧管 3 进入冷凝管,再回流至脂肪提取器 2 中与固体物质充分接触、萃取。当滤纸筒 1 中萃取剂的液面超过虹吸管 4 的上端口时,萃取混合液自动流入蒸馏烧瓶中。如此循环,直至物质大部分提出后为止,一般需要数小时才能完成。被萃取的物质与萃取剂一起存于蒸馏烧瓶中,然后再用适当方法分离。具体操作步骤将在本书第五部分讲解。

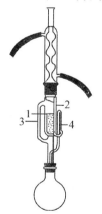

图 2-29　脂肪提取器

图 2-30　简易半微量提取器

如果样品量少,可用如图 2-30 所示的简易半微量提取器,把被提取固体放于折叠滤纸中,操作方便,效果也好。

六、注释

[1] 如果振摇力度过大,则少数物质容易产生乳化现象,静置时难以分层。这时可以延长静置时间或加入一定量的电解质(如 NaCl 等),利用盐析效应来破坏乳化。另外,振摇时间太短则影响萃取效率。

〔2〕注意分析上、下两层的组分。本实验中由于乙醚的密度较水小,故下层为水层。萃取操作中如果不注意,经常容易将有用的液层丢弃。

　　〔3〕不能将醚层放入锥形瓶内,也不能将水层留于分液漏斗中。放出下层液体时,控制流速不要太快。在水层放出后,须等待片刻,观察是否还有水层出现。如果有,应该将此水层再放入锥形瓶内。

七、思考题

　　1. 影响萃取效率的因素有哪些? 怎样才能选择好萃取剂?

　　2. 分液漏斗应该如何检漏? 使用分液漏斗时要注意哪些事项?

　　3. 放出液体时为了不要流得太快,应该怎样操作? 留在分液漏斗中的上层液体,能否由下口放入到指定容器中?

实验九　折光率的测定

核心知识：折光率的概念；折光率的测定意义
核心能力：独立进行折光率测定操作的能力；折光仪校正及保养的能力

一、实验目的

1. 了解阿贝折光仪的构造，掌握其使用方法。
2. 理解液态物质折光率的测定原理。

二、预习要求

理解折光率的定义；了解影响折光率的因素；了解折光率的测定意义；思考本实验中如何保护折光仪棱镜玻璃。

三、实验原理

光在不同介质中的传播速率是不同的。当光线从一种介质进入另一种介质时，在分界面处的传播速率和方向发生改变，这种现象叫光的折射。物质对光的折射用折光率来表示，它是光在空气中的速率（$v_空$）与在某介质中的速率（$v_介$）之比，在数值上等于入射角的正弦和折射角的正弦之比。用公式表示为：

$$n = \frac{v_空}{v_介} = \frac{\sin\alpha}{\sin\beta}$$

α 为入射光（空气中）与界面垂直线之间的夹角，β 为折射光（介质中）与界面垂直线之间的夹角。折射角与介质密度、分子结构、温度以及光的波长等有关。$\sin\alpha$ 与 $\sin\beta$ 之比等于介质 B 对介质 A 的相对折光率，如图 2-31 所示。

影响折光率的外因主要是光源的波长和测定时的温度，所以折光率的表示必须注明这两点，常可以表示为 n_D^t。

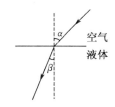

图 2-31　折射角与入射角

D 是波长为 589 nm 钠光灯的 D 线，t 是测定时的温度。例如，$n_D^{20}(C_2H_5OH) = 1.360\,5$ 表示 20 ℃时，乙醇对钠光灯 D 线的折光率为1.360 5。理论上应该采用单色光，但在实际测定中由于折光仪都装有消色散棱镜组，所以常用白光或日光作光源。温度对折光率影响较大，一般温度升高 1 ℃，液体有机物的折光率就会减少$(3.5\sim5.5)\times10^{-4}$，所以一般的折光仪都配有恒温装置。为了方便起见，在实际工作中常以 4×10^{-4} 近似地作为温度校正常数。例如，某物质在 25 ℃时的折光率实测值为 1.367 0，则其校正值应为：

$$n_D^{20} = 1.367\,0 + 5\times4\times10^{-4} = 1.369\,0$$

固体、气体、液体都有折光率。尤其对液体有机物来说，折光率更是其重要的物理常数之一。对于液态物质来说通过折光率的测定可以检测物质的纯度，可以鉴定未知化合物，可以定量分析溶液的组成，还可以间接测定溶液的浓度等。

实验室中测定液体有机物的折光率常用阿贝折光仪(Abbe refractometer)。

四、仪器和试剂

阿贝折光仪、镜头纸、胶头滴管、恒温水浴锅等。

蒸馏水、丙酮、乙醛。

五、实验内容

1. 阿贝折光仪的结构

如图 2-32 所示,阿贝折光仪关键部件是两块直角棱镜。

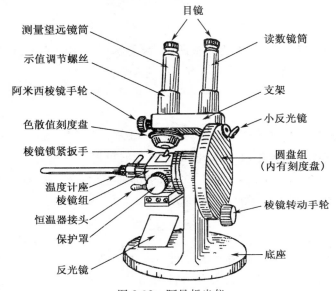

图 2-32　阿贝折光仪

上面的一块叫折射棱镜,镜面光滑;下面的一块为进光棱镜,表面是磨砂的,可以开启。左边有一个读数镜筒和刻度圆盘,刻度盘上刻有的 1.300 0～1.700 0 刻度即为该折光仪的量程。右边也有一个镜筒,是测量望远镜筒,用来观察折光情况。测量望远镜筒内装有阿米西(Amici)消色散棱镜组,其作用是消除折射过程中产生的色散现象,相当于把日光或灯光变成单色光。

测定时,光线由反射棱镜反射到进光棱镜,发生漫射,以不同的入射角射入两块棱镜之间的测定液层,再射到折射棱镜的光滑表面上。因为它的折光率很大,一部分光线可以再经过折射进入空气而到达测量望远镜;另一部分光线则发生全反射,从而形成测量望远镜中明暗两部分视场,如图 2-33(a)所示。调节旋钮,使明暗两区的分界线清晰。若出现彩色光带,如图 2-33(b)所示,则调节消色散棱镜手轮至明暗分界线清晰。再转动刻度盘,使分界线与"十"字交叉线的交点重合,如图 2-33(c)所示,从读数镜筒中读出折光率。

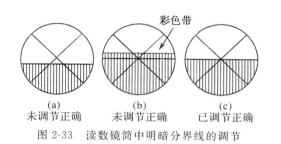

彩色带

(a)	(b)	(c)
未调节正确	未调节正确	已调节正确

图 2-33　读数镜筒中明暗分界线的调节

2. 折光仪的校正

在测量样品折光率之前,应该对折光仪进行校正。

(1)在棱镜的保温套中装好温度计,将折光仪与恒温水浴连接,将恒温水通入棱镜夹套中,调至所需的温度。

(2)打开进光棱镜,用擦镜纸蘸少量乙醇或者丙酮轻轻单向擦洗上、下镜面(不可来回擦,否则容易磨损镜面)。待晾干后方可使用。

(3)滴 1~2 滴蒸馏水于进光棱镜磨砂面上,关闭棱镜,调节反光镜使光线进入。轻轻转动左边刻度圆盘,并在右边测量望远镜里找到明暗分界线。若出现彩色光带,则调节消色散棱镜手轮,使明暗界线清晰。再转动左边刻度圆盘,使分界线对准"十"字叉的中心,记录读数与温度,读数可至小数点后四位(±0.000 1)。重复测定三次。三个读数中的任何两个之差不能大于 0.000 2。将测得的平均折光率与标准值相比较($n_D^{15} = 1.333\ 39$,$n_D^{20} = 1.332\ 99$,$n_D^{25} = 1.332\ 50$),可求得折光仪的校正值。校正值一般很小,若数值太大,整台仪器应重新校正。

(4)校正完毕后,立即用乙醇或者丙酮洗净上、下镜面,晾干后再关闭棱镜。

3. 样品折光率的测定

以上校正过程实际上就是测定蒸馏水的折光率的过程。所以用同样的方法测定待测样品的折光率,重复测定三次,并记录测定值取平均值即可。

六、注意事项

使用折光仪应注意以下几点:

1. 注意保护折光仪棱镜,不能在界面上造成刻痕。滴加样品时,滴管的尖端不可触及棱镜。

2. 折光仪在使用时不要靠近热源,否则样品容易挥发。

3. 如果待测定物质对棱镜玻璃、保温套及其黏合剂有腐蚀性和溶解性,则不能用折光仪测定其折光率。

4. 阿贝折光仪的量程为 1.300 0~1.700 0,精确度为 ±0.000 1。测量时的温度误差应控制在 ±0.1 ℃的范围内。

5. 每次使用前后,都应该洗净镜面,待晾干后再关闭棱镜。

6. 若读数镜筒内视场不明,应检查小反光镜是否开启。

7. 仪器在使用或储藏时,都不得暴露于日光中。不用时应放入木箱内(箱内需放干燥剂），置于阴凉干燥处。金属夹套内的水要倒干净，管口要封住。折光仪应避免强烈震动或撞击，以防光学零件损伤，影响精度。

用阿贝折光仪测定液体物质的折光率，对样品的纯度要求较高，常以分析纯的标准来要求。

对于易挥发的样品液，在测定过程中应用注射针筒吸取样品，从棱镜组侧面的一个小孔内加以补充。

七、思考题

1. 有哪些因素影响物质的折光率？
2. 使用阿贝折光仪有哪些注意事项？
3. 为了使明暗两区的分界线清晰应该如何调节阿贝折光仪的旋钮？

实验十　旋光度的测定

核心知识:旋光度的概念;旋光度的测定意义
核心能力:独立进行旋光度测定操作的能力;旋光仪校正及保养的能力

一、实验目的

1. 了解旋光仪的构造和旋光度的测定原理。
2. 掌握旋光仪的使用方法和比旋光度的计算方法。

二、预习要求

理解旋光度的定义;了解影响旋光度的因素;了解旋光度的测定意义;了解碳水化合物的变旋光现象;思考本实验中如何保护旋光仪。

三、实验原理

由单色光源(一般用钠光灯)发出的光,通过起偏棱镜(尼可尔棱镜)后,转变为平面偏振光(简称偏振光)。当一束单一的平面偏振光通过手性物质时,其振动方向会发生改变,此时光的振动面会旋转一定的角度,这种现象称为旋光现象。物质的这种使偏振光的振动面发生旋转的性质叫做旋光性,具有旋光性的物质叫做旋光性物质或旋光物质。许多天然有机物都具有旋光性。由于旋光物质使偏振光振动面旋转时,可以右旋(顺时针方向,记为"+"),也可以左旋(逆时针方向,记为"-"),所以旋光物质又可分为右旋物质和左旋物质。

当偏振光通过样品管中的旋光性物质时,振动平面旋转一定角度。调节附有刻度的检偏镜(也是一个尼可尔棱镜),使偏振光通过,检偏镜所旋转的度数显示在刻度盘上,此即样品的实测旋光度 α。其旋光原理如图 2-34 所示。

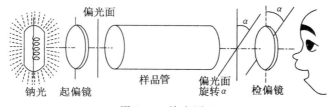

钠光　起偏镜　　样品管　偏光面　检偏镜
　　　　　　　　　　　　旋转α

图 2-34　旋光原理

旋光度的大小主要取决于被测分子的立体结构,若被测物质是溶液,还受到待测溶液的浓度、偏振光通过溶液的厚度(即样品管的长度)以及温度、所用光源的波长、所用溶剂等因素的影响,因此旋光物质的旋光度,在不同的条件下,测定的结果通常不一样。所以,常用比旋光度来表示物质的旋光性,比旋光度和旋光度的关系如下:

$$\text{纯液体的比旋光度}[\alpha]_{\lambda}^{t} = \frac{\alpha}{d \cdot l}$$

$$溶液的比旋光度[\alpha]_\lambda^t = \frac{\alpha}{c \cdot l}$$

上两式中，$[\alpha]_\lambda^t$ 表示旋光性物质在温度为 t ℃、光源的波长为 λ 时的比旋光度；α 为旋光仪所测得的旋光度；l 为偏振光通过溶液的厚度(dm)；d 为纯液体的密度($g \cdot mL^{-1}$)；c 为溶液的浓度($g \cdot mL^{-1}$)；t 为测定时的温度(℃)；λ 为所用光源的波长(nm)。例如 25 ℃时用波长为 589 nm 的钠灯(D 线)作光源测定某样品的旋光度为右旋 38°，则比旋光度记作 $[\alpha]_D^{25} = +38°$。

比旋光度是旋光性物质的物理常数之一。通过测定旋光度，可以鉴定物质的纯度，测定溶液的浓度、密度和鉴别光学异构体。

四、仪器和试剂

旋光仪、洗瓶、胶头滴管、滤纸等。
蒸馏水、$0.1\ g \cdot mL^{-1}$ 葡萄糖溶液、未知浓度的葡萄糖溶液。

五、实验内容

1. 旋光仪的结构
旋光度可以由旋光仪来测定。旋光仪有两种：一种是数字自动显示测定结果的自动旋光仪，另一种是测量者读取目测刻度而得结果的圆盘旋光仪，如图 2-35 所示。
2. 旋光度的测定
（1）样品溶液的配制
准确称取一定量的样品，在 50 mL 容量瓶中配成溶液。通常可以选用水、乙醇、氯仿作溶剂。若用纯液体样品直接测试，则测定前只需确定其相对密度即可。

图 2-35　WXG-4 圆盘旋光仪

由于新配制的葡萄糖溶液具有变旋光现象，所以待测葡萄糖溶液应该提前 24 h 配好，以消除变旋光现象，否则测定过程中会出现读数不稳定的现象。

（2）预热
打开旋光仪电源开关，预热 5 min～10 min，待完全发出钠黄光后方可观察使用。
（3）调零
在测定样品前，必须先用蒸馏水来调节旋光仪的零点。洗净样品管后装入蒸馏水，使液面略凸出管口。将玻璃盖沿管口边缘轻轻平推盖好，不要带入气泡，旋上螺丝帽盖(随手旋紧不漏水为止，若旋得太紧，玻片容易产生应力而引起视场亮度发生变化，影响测定准确度)。将样品管擦干后放入旋光仪，合上盖子。开启钠光灯，将刻度盘调在零点左右，会出现大于或小于零度视场的情况，如图 2-36(a)和(c)所示。旋动粗动、微动手轮，使视场内三部分的亮度一致，即为零度视场，如图 2-36(b)所示。记下刻度盘读数，重复调零 4～5 次取平均值。若平均值不为零而存在偏差值，应在测量读数中将其减去或者加上。

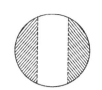

(a)大于或小于零度视场　(b)零度视场　(c)小于或大于零度视场

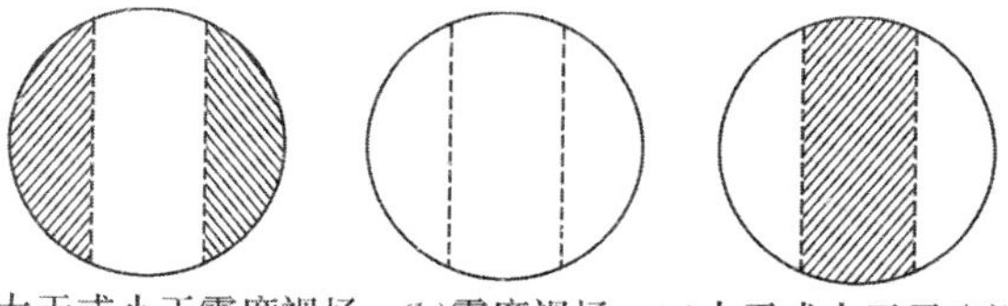

图 2-36　三分视场的不同情况

（4）测定

样品的测定与调零方法相同。每次测定之前样品管必须先用蒸馏水清洗1～2次，再用少量待测液润洗 2～3 次，以免受污物的影响，然后装上样品进行测定。旋动刻度盘，寻找较暗照度下亮度一致的零度视场。若读数是正数为右旋，若读数是负数为左旋。读数与零点值之差，即为样品在测定温度时的旋光度。记下测定时样品的温度和样品管长度。测定完后倒出样品管中溶液，用蒸馏水把样品管洗净，擦干放好。

按以上方法测定 $0.1\ g \cdot mL^{-1}$ 葡萄糖溶液的旋光度 4～5 次，测定值填入下表相应位置。再测定未知浓度的葡萄糖溶液的旋光度 4～5 次，将测定值填入下表相应位置。

（5）数据记录与处理

按表 2-4 中设计的项目进行相应处理，最终求出未知浓度葡萄糖溶液的浓度。

表 2-4　数据记录表

	1	2	3	4	5
零点值					
零点平均值					
$0.1\ g \cdot mL^{-1}$ 葡萄糖溶液的旋光度					
旋光度平均值					
差值*					
比旋光度					
未知浓度葡萄糖溶液的旋光度					
旋光度平均值					
差值*					
葡萄糖溶液浓度					

* 差值＝旋光度平均值－零点平均值

六、注意事项

1. 对观察者来说，偏振光的振动平面若是顺时针旋转，则为右旋（＋），这样测得的 $+\alpha$ 也可以代表 $\alpha \pm (n \times 180°)$ 的所有值。如读数为 $+38°$，实际上还可以是 $218°$，$398°$，$-142°$等角度。因此，在测定未知物的旋光度时，至少要做一次改变浓度或者偏振光通过溶液的厚度的测定。如观察值为 $+38°$，在稀释 5 倍后，所得读数为 $+7.6°$，则此未知物的旋光度 α 应该为 $+7.6° \times 5 = +38°$。

2. 仪器应存放在阴凉干燥、空气流通和温度适宜的地方，以免光学零部件、偏振片受潮发霉及性能衰退。

3. 样品管使用后,应及时用水或蒸馏水冲洗干净,揩干藏好。

4. 镜片不能用不洁或硬质布、纸去揩,以免镜片表面产生磨损等。

5. 仪器不用时,应将仪器放入箱内或用塑料罩罩上,以防灰尘侵入。

6. 仪器、钠光灯管、试管等装箱时,应按规定位置放置,以免压碎。

7. 不懂装校方法时切勿随便拆动,以免由于不懂校正方法而无法装校好。

七、思考题

1. 旋光度的测定具有什么实际意义?

2. 为什么在样品测定前要检查旋光仪的零点?通常用来做零点检查液的溶剂应符合哪些条件?

3. 使用旋光仪有哪些注意事项?

实验十一 升 华

核心知识:升华的概念及意义;升华的适用范围

核心能力:独立进行升华操作的能力;选择合适热载体(浴液)的能力;防范并处理温度计破裂、有机蒸气安全事故的能力

一、实验目的

1. 理解升华的原理和意义。
2. 掌握升华的操作技术。

二、预习要求

了解固体的挥发度;了解升华的意义;常见的易升华的物质有哪些;了解实验室常用热载体(如沙浴)加热的操作方法;思考本实验中如何防止温度计破裂、有机蒸气中毒等实验事故的发生。

三、实验原理

升华是提纯固体混合物的一种方法。它是指某些固态物质具有较高的蒸气压时,往往不经过熔融状态,而直接变成蒸气的过程。由升华得到的蒸气可以不经过液态直接变为固态,这个过程叫做凝华。实际上,用升华来提纯固体混合物,就是升华和凝华的联合操作过程。

并不是所有的固体都具有升华的性质。一般说来,具有对称结构的非极性化合物,其电子云的密度分布比较均匀,偶极矩较小,这类物质都具有较高的蒸气压(如碘、萘、菲等都易升华)。与液体化合物的沸点相似,当固体化合物的蒸气压与外界施加给固体化合物表面的压力相等时,该固体化合物开始升华,此时的温度为该固体的升华点。利用升华可除去不挥发性杂质,或分离不同挥发度的固体混合物。

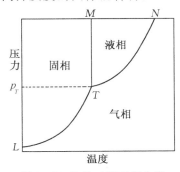

图 2-37 物质三相平衡曲线

如图 2-37 所示的物质三相平衡曲线中,T 为三相平衡点,即三相点,物质三相(气相、液相、固相)共存的一个温度和压强的数值,其对应的压力为 p_T,曲线 TL 表示固相和气

相之间平衡时的温度和压力。由图 2-37 可以看出,若在小于 p_T 的压力下给固体缓慢加热,则固体温度会到达固—气平衡线。若继续缓慢加热,固体则直接越过固—气平衡线变为气态,即升华。凝华过程则与之相反。在常压下不易升华的物质,可以进行减压升华。

升华只适用于以下几种情况:① 被提纯的化合物具有较高的蒸气压,在低于熔点时就可以产生足够的蒸气,使固体不经过熔融状态直接转变为气体,从而将其分离;② 固体化合物中杂质的蒸气压较低,有利于分离。升华得到的产品一般具有较高的纯度,但是操作时间较长,损失量较大,通常只限于实验室少量物质的精制。

四、仪器和试剂

铁架台(铁圈)、石棉网、酒精灯、蒸发皿、滤纸、棉花、漏斗、铁钉、小烧杯、钥匙、玻璃棒、烘箱等。

碘、酒精、水。

五、实验内容

1. 常压升华

(1)实验准备

将一定量的粗碘置于小烧杯中,放在干燥器中干燥[1]。在铁架台的铁圈上放一张石棉网,然后均匀地铺上约 5 mm 高的干沙子[2]。称量蒸发皿的质量(m_1)。样品干燥一段时间后,用玻璃棒转移至蒸发皿中,称量其总质量(m_2)。选一张略大于漏斗底口的滤纸,在滤纸上用铁钉扎一些孔[3]后,刺孔朝上盖在蒸发皿上,用漏斗盖住。漏斗的颈口处用少量棉花堵住,以免蒸气外逸,造成产品损失。将温度计水银球段插入到蒸发皿正底部的沙子中,注意不要使温度计与石棉网接触,组成如图 2-38 所示装置。

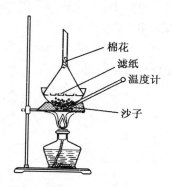

棉花
滤纸
温度计
沙子

图 2-38　常压升华装置(少量)

(2)升华

用酒精灯缓缓加热石棉网,控制温度在碘的熔点 112 ℃以下,否则碘熔化变成液体,就减少了碘的升华。当紫色的碘蒸气开始通过滤纸上升至漏斗中时,可以看到滤纸和漏斗内壁上有晶体析出[4]。数分钟后,轻轻取下漏斗,小心翻起滤纸。如果发现下面已经挂满了碘晶体,则可以将其移至干燥的样品瓶中,并立即重复以上操作,直到碘全部升华完毕为止。

当升华量比较大时,可以换用如图 2-39 所示装置分批进行,通水进行冷却以使晶体析出,杂质留在蒸发皿底部。

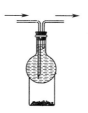

图 2-39　常压升华装置(多量)

(3)计算挥发度

称量蒸发皿和杂质的总质量(m_3),就可以计算碘的挥发度(f)。

$$f = \frac{m_2 - m_1}{m_3 - m_1} \times 100\%$$

2. 减压升华

减压升华装置如图 2-40 所示。称取一定量的粗碘于小烧杯中,放在干燥器中干燥。用玻璃棒转移至吸滤管(有支管的试管)中,且尽量让粗碘平铺均匀。用装有指形冷凝器(又称"冷凝指")的橡皮塞严密地塞住管口,指形冷凝器内按箭头所示方向通入冷凝水,再利用水泵或油泵减压。将吸滤管浸入 80 ℃ 以下水浴中缓慢加热,待指形冷凝器底部挂满碘晶体时,即可慢慢停止减压抽滤[5]。小心取下指形冷凝器,将碘转移至干燥的样品瓶中。重复以上操作,直到碘全部升华完毕为止。

图 2-40　减压升华装置

六、注释

[1]被升华的化合物一定要干燥,若有溶剂将会影响升华后固体的凝结。碘的熔点为 112 ℃,室温下就可以升华,不能烘干。温度高于 40 ℃ 时,升华速度加快。

[2]本实验采用沙浴,其特点是升温速度较慢,保温时间较长,也可以采用水浴,其目的是控制温度在碘的三相点温度以下。有机实验室有水浴、油浴、沙浴、空气浴等几种浴热法。一般说来,当所需要的加热温度在 80 ℃ 以下时,通常采用水浴;在 80 ℃～250 ℃ 时,可用油浴,如甘油可以加热到 140 ℃～180 ℃,液体石蜡可以加热到 220 ℃,硅油可加热到250 ℃ 以上,但其价格较贵,用得较少;当超过250 ℃ 时常用空气浴。

[3]放置滤纸主要是为了在蒸发皿上方形成一温差层,使蒸气更易结晶。滤纸上的

孔尽量大一些,以便蒸气上升时顺利通过滤纸,在滤纸上面和漏斗中结晶,否则将影响晶体的析出。

〔4〕如果晶体不能及时析出,可以在漏斗外面用湿布冷却。

〔5〕减压升华时,停止抽滤一定要先打开安全瓶上的放空阀,再关泵。否则循环泵内的水会倒吸入吸滤瓶,造成实验失败。

七、思考题

1. 升华操作时,为什么要缓缓加热?

2. 升华适用于哪些物质的分离?

3. 升华对样品有哪些要求?

实验十二 重 结 晶

核心知识:重结晶的原理、意义及适用范围;热滤的基本操作;水泵的使用

核心能力:独立进行重结晶操作的能力;选择合适溶剂的能力;产品后处理与分析的能力;防范并处理压力装置安全事故的能力

一、实验目的

1. 学习重结晶法分离固态有机化合物的原理和方法。
2. 掌握滤纸折叠和抽滤、热滤的方法。

二、预习要求

理解重结晶的定义;了解重结晶的适用范围;掌握滤纸的折叠方法;了解重结晶一般的步骤;回忆水泵或油泵使用时的注意事项;思考本实验中如何防止火灾等实验事故的发生。

三、实验原理

重结晶是提纯固态有机物的常用方法之一,它是指将待分离的混合物配制成某种热溶液再将其冷却,利用混合物中各组分的溶解度随温度的变化不同从而析出晶体来达到分离提纯的目的的操作。

需要指出的是,杂质含量过多对重结晶极为不利,甚至不能进行重结晶。所以重结晶只适用于杂质含量约在 5% 以内的固体有机物的提纯。

其主要步骤为:选择溶剂→配制热溶液→热过滤除杂→静置结晶→洗涤干燥。

四、仪器和试剂

锥形瓶、酒精灯、石棉网、铁架台(带铁圈)、滤纸、漏斗、玻璃棒、小烧杯、布氏漏斗、抽滤瓶、安全瓶、玻璃导管、泵、小刀、沸石等。

水、粗乙酰苯胺、活性炭。

五、实验内容

本实验以重结晶乙酰苯胺为例来讲解重结晶的具体操作。

1. 选择溶剂

一般根据相似相溶原理来选择适宜的溶剂。即极性固体易溶于极性溶剂中,非极性固体易溶于非极性溶剂中。选中的溶剂应满足:① 不与被提纯物质发生化学反应;② 高温时能溶解大量被提纯物,室温或低温时则溶解极少;③ 杂质在其中的溶解度极大(杂质留在母液中)或极小(热过滤时可除去);④ 沸点适中(易与结晶分离除去);⑤ 毒性低,操作安全;⑥ 价廉易得。

常用的溶剂有水、甲醇、无水乙醇、丙酮、乙醚、石油醚、苯等,其沸点、毒性等相关性质见附录。本实验重结晶乙酰苯胺选用水作溶剂即可。

第二部分 有机化学实验基本操作

2．配制热溶液

将欲重结晶的混合物(粗乙酰苯胺 3 g)与选好的溶剂(70 mL 水)在锥形瓶中配制成溶液,所加溶剂的量可由溶剂沸点温度下被提纯物的溶解度来估算,溶剂用量一般比估算值小。加热至沸腾[1](要加沸石),若还有不溶物(注意判断此不溶物是否是杂质,若是就不能再加溶剂了),则继续加溶剂直至恰好溶解,再继续加过量约 20％的溶剂,以防止由溶剂的挥发而导致晶体的析出。

3．热过滤除杂

热溶液要趁热过滤,以除去不溶性杂质。过滤[2]要快,以防止温度降低而晶体析出。热过滤可用热水漏斗(如图 2-41 所示),也可用配备有折叠滤纸[3]的漏斗。

若热溶液中有悬浮微粒或树脂状物质或有颜色,就应该先将溶液稍冷,再加入活性炭处理即可达到脱色、除杂等目的。活性炭的用量一般为固体粗产物的 1％～5％。

图 2-41　热水漏斗

4．静置结晶

热过滤得到的滤液置于小烧杯中,充分静置,自然冷却至室温,此过程中应不断有晶体析出。若冷却后仍不结晶,可用接种[4]或用玻璃棒摩擦小烧杯液面以下部分的方法,引发晶体形成。

5．晶体的洗涤干燥

将布氏漏斗、滤纸、抽滤瓶、安全瓶安装成如图 2-42 所示的抽滤装置并开启减压泵对系统进行抽气、减压。再把小烧杯中的晶体和上层清液一起转移到布氏漏斗中抽滤。抽滤过程中,可用玻璃瓶塞按压晶体(又称滤饼),使晶体与母液尽量分离。一段时间后,停止抽气。用玻璃棒挑松滤饼,用少量溶剂洗涤滤饼,再抽滤。如此循环 1～2 次即可将晶体洗涤干净。用小刀刮下滤纸上的晶体即为被提纯物。被提纯物经干燥后就可以测定其熔点,推断其纯度。

布氏漏斗　　　安全管　接泵

抽滤瓶

图 2-42　抽滤装置

六、注释

[1] 配制热溶液过程中,若被提纯物变成油珠(即液态有机物),就会使晶体中混入杂质,不利于分离。常用以下方法来避免被提纯物的液化:① 选择沸点低于被提纯物熔点的溶剂;② 适当加大溶剂的量。

[2] 过滤时可用盖盖在漏斗上,以减少溶剂的挥发。过滤完后,用少量热溶剂将滤纸上的少量晶体洗至小烧杯中。

[3] 滤纸折叠方法:将滤纸对折后再对折,得折痕 1-2,2-3,2-4。将 2-3 和 2-4 对折得

2-5,将 1-2 和 2-4 对折得 2-6,如图 2-43(a)所示。然后 3 对 6 折得 7,1 对 5 折得 8,3 对 5 折得 9,1 对 6 折得 10。再将相邻两折痕间(如 1-10,10-6,……)依次反向折叠就可得到如图 2-43(d)所示的形状。最后拉开双层滤纸即可。

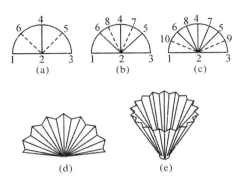

图 2-43 滤纸折叠过程示意图

[4] 向小烧杯中投入被提纯物的晶体的操作叫接种。它可以加快晶体的析出,所用的晶体叫晶种。

七、思考题

1. 为什么不在沸腾时加入活性炭?
2. 重结晶的基本原理是什么?
3. 若使用有机溶剂进行重结晶,哪些操作容易导致火灾? 应该如何避免?

实验十三　薄 层 色 谱

核心知识:薄层色谱的原理及应用范围;比移值的影响因素;薄层板的制备及活化
核心能力:独立进行薄层色谱操作的能力;选择合适展开剂、吸附剂的能力;后处理与
分析的能力

一、实验目的

1. 了解薄层色谱的基本原理和应用。
2. 掌握薄层色谱的操作技术。

二、预习要求

理解薄层色谱的基本原理;了解薄层色谱在有机化学中的应用;了解一些常见有机溶
剂的极性;了解薄层色谱一般的操作步骤;学会比移值的计算。

三、实验原理

薄层色谱(TLC,thin layer chromatography)又称薄层层析,属于固—液吸附色谱,是
一种微量、快速和简便的色谱方法。其基本原理是利用薄层板上的吸附剂(固定相)对混
合物中各组分的吸附能力各不相同,在展开剂(移动相)流过固定相时,对各组分进行不同
程度的解吸,从而达到分离的目的。此法特别适用于那些挥发性较小,在较高温度下又易
发生变化而不能用气相色谱分析的物质。

薄层色谱可以用于化合物的定性检验,常通过与已知标准物对比的方法进行未知物
的鉴定。在条件完全一致的情况下,纯粹的化合物在薄层色谱中呈现一定的移动距离。
所以利用薄层色谱法可以确定两种性质相似的化合物是否为同一物质。溶质移动距离与
展开溶剂移动距离之比称为迁移值,以 R_f 表示。

$$R_f = \frac{溶质最高浓度中心至原点中心的距离}{溶剂前沿至原点中心的距离}$$

影响迁移值的因素很多,如薄层的厚度、吸附剂颗粒的大小、溶液的酸碱性、活性等
级、外界温度和展开剂纯度、组成、挥发性等。但在条件固定的情况下,R_f 对每一种化合
物来说都是一个特定数值。因此,在测定某一试样时,应用已知样品进行对照。

薄层色谱还可以用于快速分离少量物质。

薄层色谱常常用于跟踪反应进程与化合物纯度的检验。在进行化学反应时,常利用
薄层色谱观察原料斑点的逐步消失,来判断反应是否完成。在检验化合物的纯度时,若只
出现一个斑点,且无拖尾现象,则说明为纯物质。

四、仪器和试剂

载玻片、广口瓶、毛细管、烘箱、研钵、烧杯、铅笔、尺子等。
硅胶 G、0.5% 羧甲基纤维素钠(CMC)水溶液、1% 偶氮苯、苏丹Ⅲ、环己烷、乙酸

乙酯。

五、实验内容

1. 吸附剂的选择

吸附薄层色谱最常用的吸附剂是硅胶或氧化铝。硅胶是无定型多孔性物质,略具酸性,适用于酸性和中性物质的分析分离。薄层层析硅胶分为硅胶 H(不含黏合剂)、硅胶 G(含煅石膏作黏合剂)、硅胶 HF254(含荧光物质,可在波长 254 nm 紫外光下观察荧光)和硅胶 GF254(含煅石膏和荧光物质)。

与硅胶相似,薄层层析氧化铝也因含煅石膏和黏合剂而分为氧化铝 G、氧化铝 GF54 和氧化铝 HF254 等。其中最常用的为氧化铝 G 和硅胶 G。

黏合剂除煅石膏($2CaSO_4 \sim H_2O$)外,还可用淀粉、羧甲基纤维素钠等。加黏合剂的薄层板称为硬板,不加黏合剂的薄层板称为软板。

化合物的吸附能力与它们的极性成正比,具有较大极性的化合物吸附力较强,因而 R_f 值较小。故利用化合物极性的不同将它们分开。

2. 常见展开剂的极性强弱顺序

乙酸>吡啶>水>甲醇>乙醇>丙醇>丙酮>乙酸乙酯>乙醚>氯仿>二氯甲烷>甲苯>苯>三氯乙烷>四氯化碳>环己烷>石油醚。

3. 薄层板的制备及活化

薄层板制备的好坏直接影响色谱的结果。薄层应尽量均匀且厚度要均匀一致,否则在展开时前沿不齐,色谱结果也不易重复。在烧杯中放入 2 g 硅胶 G,加入 5 mL~6 mL 0.5%羧甲基纤维素钠水溶液,调成糊状。将配制好的浆料倾注到清洁干燥的载玻片(7.5 cm×2.5 cm)上,拿在手中轻轻地左右摇晃,使其表面均匀平滑[1],在室温下晾干。

将涂布好的薄层板置于室温晾干后,放在烘箱内加热活化,活化条件根据需要而定。硅胶板一般在烘箱中渐渐升温,维持 105 ℃~110 ℃活化 30 min。氧化铝板在 200 ℃烘 4 h 可得到活性为Ⅱ级的薄层板,在 150 ℃~160 ℃烘 4 h 可得到活性为Ⅲ~Ⅳ级的薄层板。活化后的薄层板放在干燥器内保存待用。

4. 点样

先用铅笔在距薄层板一端 1 cm 处轻轻画一横线作为起始线,然后用口径约 0.5 mm、管口平整的毛细管吸取样品溶液,在一块板的起始线上点 1%的偶氮苯溶液和混合液两个样点。在第二块板的起始线上点 1%苏丹Ⅲ溶液和混合液两个样点[2],斑点直径一般不超过 2 mm。若在同一板上点几个样[3],样点间距应为 1 cm~1.5 cm。

5. 展开

点样结束待样点干燥后,方可进行展开。薄层色谱的展开需要在密闭容器中进行,如图 2-44 所示。为使溶剂蒸气迅速达到平衡,可在展开槽内衬一滤纸。用 9:1 的环己烷—乙酸乙酯作为展开剂,将点好的薄层板小心放入层析缸中,点样一端朝下,浸入展开剂中[4]。盖好瓶盖,观察展开剂前沿上升到一定高度时取出[5],尽快在板上标出展开剂前沿位置。晾干。

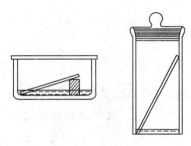

图 2-44　色谱展开

6．显色

被分离物质如果是有色组分,展开后薄层板上即呈现出有色斑点。

对于含有荧光剂的薄层板,在紫外光下观察,展开后的有机化合物在亮的荧光背景上呈暗色斑点。

如果化合物本身无色,则可用碘蒸气熏的方法显色。还可使用腐蚀性的显色剂如浓硫酸、浓盐酸和浓磷酸等。

7．计算 R_f 值

观察斑点位置,准确地找出原点、展开溶剂前沿以及三个样品展开后斑点的中心,分别测量展开剂前沿和样点在薄层板上移动的距离,求出其 R_f 值。

六、注释

[1] 制板时要求均匀平滑。为此,宜将吸附剂调得稍稀些,否则就很难使薄层均匀。

[2] 点样要轻,不可刺破薄层,同时点样用的毛细管不能交叉使用。

[3] 若因样品溶液太稀,可重复点样,但应待前次点样的溶剂挥发后方可重新点样,以防样点过大,造成拖尾、扩散等现象,从而影响 R_f 值的准确性。

[4] 薄层板点样一端朝下放入广口瓶后,展开剂必须在点样斑点以下。

[5] 展开时,不要让展开剂前沿上升至底线,否则无法确定展开剂上升高度,即无法求得 R_f 值和准确判断样品中各组分在薄层板上的相对位置。

七、思考题

1．薄层色谱分离混合物的基本原理是什么?

2．薄层色谱的应用有哪些?

3．薄层色谱点样时应注意哪些事项?

第三部分

有机化合物性质实验

性质实验报告格式(仅供参考)

实验课题名称:_____

_____年_____月_____日   实验室:_____

实验人(小组):_____   学　号:_____

一、实验目的

二、实验原理

三、仪器和试剂

四、实验装置图

五、操作与记录

实验内容	步骤	现象	解释和化学反应式

(操作步骤采取图示、箭头流程等各种简洁的表达方式均可)

六、注意事项

七、问题与讨论

实验十四　元素定性分析

核心知识:氮、磷、卤素的检验原理与方法;有机分析的意义

核心能力:独立进行氮、磷、卤素的检验的能力;样品预处理的能力;精确分析元素含量的能力

一、实验目的

1. 通过实验了解常见有机化合物元素的检验方法。
2. 学习元素分析的原理和意义。

二、预习要求

无机物和有机物在结构及其元素组成上有何不同? 它们对外所表现出来的性质是否相同? 元素的定性分析和定量分析是否相同? 若不同,其区别在哪里? 思考本实验中如何防止中毒、烫伤、爆炸等实验事故的发生。

三、实验原理

元素定性分析的目的在于鉴定某一有机化合物中的元素,以便进一步选择鉴定未知有机化合物的途径和方法,元素定性分析也是进行有机样品定量分析的准备阶段。在有机化合物中,常见的元素除碳、氢、氧外,还含有氮、硫、卤素,有时还含有其他元素如磷、砷、硅及某些金属元素等。

由于有机化合物分子中的原子大多是以共价键相结合的,很难在水中离解成相应的离子,为此需要将有机化合物中的共价键破坏并转化为简单的无机离子化合物(即分解样品),再利用无机化学反应定性分析来鉴定。分解样品的方法很多,最常用的方法是钠熔法,即将有机物与金属钠混合共熔,使有机物中的氮、硫、卤素等元素转变为氰化钠、硫化钠、硫氰化钠、卤化钠等可溶于水的无机化合物。

一般有机化合物中都含有碳和氢,故一般就不再鉴定其中是否含有碳和氢。氧的鉴定比较困难和复杂,它的鉴定常根据官能团的检验来确定其是否存在,所以本检验不做这项检验,仅做氮、硫和卤素的定性检验。

$$
\begin{array}{l}
\text{有机化合物} \\
\text{(含 C,H,O,N,S,X)}
\end{array}
\;+\mathrm{Na}\;\xrightarrow{\text{钠熔}}\;
\begin{array}{l}
\mathrm{NaCN} \\
\mathrm{Na_2S} \\
\mathrm{NaCNS} \\
\mathrm{NaX}
\end{array}
$$

钠熔法

1. 氮的检验

氮元素经钠熔法后转变为 CN^-,用生成普鲁士蓝的反应可以检验出。

$$2NaCN + FeSO_4 \longrightarrow Fe(CN)_2 + Na_2SO_4$$

$$Fe(CN)_2 + 4NaCN \longrightarrow Na_4[Fe(CN)_6]$$

$$3Na_4[Fe(CN)_6]+4FeCl_3 \longrightarrow Fe_4[Fe(CN)_6]_3\downarrow +12NaCl$$
(普鲁士蓝)

2. 硫的检验

硫元素经钠熔法处理后,将钠熔溶液用醋酸酸化,煮沸后放出的硫化氢能使醋酸铅试纸生成黑褐色的硫化铅。

$$Na_2S+2HAc \longrightarrow H_2S\uparrow +2NaAc$$
$$H_2S+Pb(Ac)_2 \longrightarrow PbS\downarrow + 2HAc$$

或者在钠熔溶液中加入新制的亚硝基铁氰化钠,如呈现紫红色则表示含硫(此实验灵敏度很高)。

$$Na_2S+Na_2Fe(CN)_5NO \longrightarrow Na_4Fe(CN)_5(NOS)$$
(紫红色)

3. 卤素的检验

经过钠熔法处理后,将钠熔溶液用稀硝酸酸化,煮沸除掉氰化氢和硫化氢(在通风橱中进行)后,加硝酸银溶液,如果生成卤化银沉淀,则说明含有卤素。根据析出沉淀的颜色可初步确定是何种卤素。氯化银为白色沉淀,溴化银为浅黄色沉淀,碘化银为黄色沉淀。由于氟化银溶于水不沉淀,所以此法不能确定有机化合物中是否含有氟元素。

$$NaX+AgNO_3 \longrightarrow AgX\downarrow +NaNO_3$$

除了上述方法外,还可以用焰色反应法来确定是否有卤素,方法是将粘有卤素有机物的铜丝放在灯焰上灼烧,如果有绿色火焰生成,则说明可能有卤化铜。但是此反应并非卤素的特有反应,因为某些含硫有机化合物也产生绿色火焰。

所以上面两种方法只能表明是否含卤素,要检验出是什么卤素,还要进一步试验。

四、仪器和试剂

试管($10\,mm\times100\,mm$)、小烧杯、铁架台、煤气灯、镊子、滤纸等。

有机化合物、金属钠、乙醇、普鲁士蓝、5％硫酸亚铁、10％氢氧化钠、5％稀盐酸、5％三氯化铁、醋酸、2％醋酸铅、亚硝基铁氰化钠、铜丝、5％硝酸银、稀硝酸、四氯化碳、氯水、浓硫酸、过硫酸钠。

五、实验步骤

1. 样品预处理(钠熔法)

取一支干燥洁净的试管($10\,mm\times100\,mm$)[1],加入$1\sim2$滴液体样品或投入$10\,mg$研细的固体样品(装样品时,使样品直接落于管底,不要沾在管壁上),用铁夹把试管夹在铁架台上,试管与桌面垂直。用镊子取存于煤油中的金属钠[2],用滤纸吸去煤油后,切去黄色外皮,再切成豌豆大小的颗粒。放一粒于试管中,用小火在试管底部慢慢加热使钠熔化,待钠的蒸气充满试管下半部时,再迅速加入$10\,mg\sim20\,mg$样品和少许蔗糖的均匀混合物[3]。然后强热$1\,min\sim2\,min$使试管底部呈暗红色,冷却,加入$1\,mL$乙醇分解过量的钠。待无氢气放出时,再用煤气灯将钠熔试管加热,当试管红热时,趁热将试管底部浸入盛有$10\,mL$蒸馏水的小烧杯中(小心操作!),试管底立即破裂。然后煮沸,过滤,滤渣用蒸馏水洗两次,即得到无色或淡黄色澄清的滤液及水洗液约$20\,mL$,留待做以下鉴定实验用。

2. 元素的鉴定

（1）氮的鉴定

普鲁士蓝试验　取 1 支试管,加入 2 mL 滤液和 5 滴新配制的 5％硫酸亚铁溶液,再加入 4～5 滴 10％氢氧化钠溶液,使溶液呈显著的碱性。将溶液煮沸,滤液中如含有硫时,则有黑色硫化亚铁沉淀析出（不必过滤）。冷却后,加入 5％稀盐酸使产生的硫化亚铁、氢氧化亚铁沉淀刚好溶解。然后加入 10 滴 5％三氯化铁溶液。如有普鲁士蓝沉淀析出,则表明有氮。若沉淀很少不易观察时,可用滤纸过滤,用水洗涤,检查滤纸上有无蓝色沉淀。如果没有沉淀只是得到蓝色或绿色溶液时,可能钠分解不完全,需重新进行钠熔实验。

（2）硫的鉴定

① 硫化铅试验　取 1 支试管,加入 1 mL 钠熔溶液,加醋酸使呈酸性,再加入 3 滴 2％醋酸铅溶液。如有黑褐色沉淀生成则表明有硫,若有白色或灰色沉淀生成,是碱式醋酸铅,表明酸化不够需再加入醋酸后观察。

② 亚硝基铁氰化钠试验　取 1 小粒亚硝基铁氰化钠溶于数滴水中,将此溶液滴入盛有 1 mL 钠熔溶液的试管中,如溶液呈紫红色或深红色表明有硫。

（3）氮和硫的同时鉴定

取 1 mL 钠熔溶液用几滴稀盐酸酸化,再加 1～2 滴 5％三氯化铁溶液,若有血红色显现即表明有硫氰离子（CNS⁻）存在。

（4）卤素的鉴定

① 铜丝火焰法　把铜丝先在火焰上灼烧,直至火焰不显绿色为止。冷却后,在铜丝上沾少量样品,放在火焰边缘上灼烧,若有绿色火焰[4]出现,证明可能有卤素存在。这是一个很灵敏的实验,微量的卤化物即可产生绿色的火焰。由于氟化铜在产生火焰时的温度下不挥发,因而它的火焰不显色,所以不能用此方法鉴定含氟的化合物。

② 卤化银沉淀法　取 1 支试管,加入 1 mL 滤液,如滤液中无硫、氮,则可直接将滤液用硝酸酸化滴入硝酸银以鉴定卤素。若化合物中含有硫、氮,则应先用稀硝酸酸化煮沸以除去硫化氢及氰化氢（在通风橱中进行）[5],然后再加数滴 5％硝酸银溶液,若有大量黄色或白色沉淀析出,则表明有卤素存在。

（5）氯、溴、碘的分别鉴定

① 溴和碘的鉴定　取 1 支试管,加入 2 mL 滤液,加稀硝酸酸化,加热煮沸数分钟（在通风橱中进行,如不含硫、氮,则可免去此步）。冷却后加入 1 mL 四氯化碳,逐滴加入氯水。每次加入氯水后要轻轻摇动,若有碘存在,则四氯化碳层呈现紫色,表示溶液中有碘,继续滴加氯水,边加边摇,如紫色渐褪,出现棕红色则表明含有溴。

② 氯的鉴定　若按前述方法鉴定含有卤素,但又不含有溴和碘,则证明含有的卤素为氯,否则要做进一步试验：

取 1 支试管,加入 2 mL 钠熔溶液,再加 2 mL 浓硫酸和 0.5 g 过硫酸钠,煮沸数分钟,将溴和碘全部除去后取清液,滴加 5％硝酸银,如有白色沉淀或白色混浊出现,则表明含有氯。

六、注释

[1] 由于钠熔时温度较高,最好选用硬质试管。另一方法是:无需使试管烧红后炸裂,只要等钠熔溶液冷却后,加乙醇至无氢气放出时,将混合液倒入小烧杯,多次用蒸馏水洗涤试管,并将洗涤液倒入小烧杯,直到混合液约有 20 mL 为止,加热过滤,滤液呈无色或黄色澄清液体,供鉴定实验用。

[2] 加少许蔗糖,可以使氮有较多的机会与碳(来自蔗糖)、钠形成氰化钠以便于鉴定。

[3] 金属钠一般保存在煤油中,取用时,不要接触手和水,也不要在空气中放置太久,切取时,要切掉表面的氧化物,取有金属光泽的部分。

[4] 之所以产生绿色的火焰,是因为含氮、溴或碘的化合物在铜丝上燃烧时可生成易挥发的卤化铜。

[5] 硫化氢和氰化氢都是极毒气体,故应在通风橱中煮沸。也可以将一张浸有氢氧化钠的滤纸片盖在试管口上,然后煮沸,这样可将有毒气体除掉。

七、思考题

1. 进行元素定性分析有什么意义?

2. 在鉴定卤素时,如果试样中含有硫和氮,加硝酸后煮沸,可能有什么气体产生?怎么处理这些气体?

实验十五　甲烷和烷烃的性质

核心知识：甲烷的制备原理与方法；甲烷的性质验证；排水集气法

核心能力：独立进行甲烷的制备及性质验证的能力；防范并处理酸灼伤、易燃易爆有机物安全事故的能力

一、实验目的

1. 学习甲烷的实验室制法。
2. 验证甲烷和烷烃的性质。

二、预习要求

了解烷烃结构特征和化学性质；烷烃、烯烃与炔烃在结构上有何异同？为什么烷烃的性质比较稳定？工业上使用的烷烃主要来自哪里？实验室制备甲烷的方法有哪些？思考本实验中如何防止火灾、爆炸等实验事故的发生。

三、实验原理

烷烃分子中的共价键都是比较牢固的 σ 键，因此烷烃的性质比较稳定，在一般条件下，不与其他物质发生化学反应。但是在适当的条件下，烷烃也能够发生一些反应。甲烷是烷烃中最简单且最重要的代表物，是石油气、天然气、沼气的主要成分，所以对甲烷及烷烃的性质应有所了解。本实验就是通过甲烷的性质实验来理解和认识烷烃的一般性质。

甲烷的实验室制法[1]是用醋酸钠和碱石灰共热，其化学反应方程式为：

$$CH_3COONa + NaOH \xrightarrow{\triangle} CH_4\uparrow + Na_2CO_3$$

这样制出的甲烷是不纯净的，这个反应常有副产物乙烯产生，往往能使溴水及高锰酸钾溶液褪色。如果用碳原子稍多的羧酸盐与碱石灰共热时则产物更复杂，所以不可能用此法来制备纯净的烷烃。例如：

$$C_2H_5COONa + NaOH \xrightarrow{\triangle} CH_4\uparrow + C_2H_6\uparrow + H_2\uparrow + 不饱和物$$

四、仪器和试剂

铁架台（铁夹）、酒精灯、大试管、小试管、单孔橡皮塞、双孔橡皮塞、玻璃导管、水槽、漏斗、吸量管、洗耳球、尖嘴玻璃管、烘箱、研钵等。

无水醋酸钠、碱石灰（或钠石灰）、氢氧化钠固体、1%溴的四氯化碳、0.1%高锰酸钾、10%硫酸、浓硫酸、酒精。

五、实验内容

1. 甲烷的制备

按如图 3-1 所示连接好各仪器，其中作为反应器的试管是干燥[2]的硬质大试管（25 mm×100 mm），试管口配有一个插有玻璃弯导管的单孔橡皮塞，试管口略向下倾斜[3]。在作为洗气装置用的试管中盛有约 10 mL 浓硫酸（为什么？）。

首先检查装置的气密性。在确定装置不漏气后,将无水醋酸钠、碱石灰[4](或者钠石灰)、氢氧化钠固体[5]按5∶3∶2的质量比放在研钵中研细,使其充分混合均匀,立刻倒入大试管中,从底部往外铺(注意装入试管试剂的量要适当,以刚好盖住试管底部为准,切忌装入过多或过少)。然后在试管口插入事先准备好的、配有一玻璃弯导管的单孔

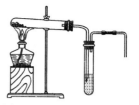

图 3-1 甲烷的制备装置

橡皮塞。先用小火慢慢均匀地加热整支试管,再用较大的火焰强热靠近试管口的反应物,使此处的反应物先反应,然后逐渐将火焰向试管底部移动[6],则不断有甲烷气体生成。

2. 甲烷和烷烃的性质实验

(1)卤代 在2支试管中分别加入1‰溴的四氯化碳溶液0.5 mL,其中一支用黑布或者报纸包裹好。再分别向2支试管中通入甲烷气体约30 s(注意用黑布或者报纸包裹好的试管,在通入甲烷气体时尽量避光),振荡后,把包裹好的一支试管避光,另一支试管则放在阳光或日光灯下,光照15 min~20 min后,比较2支试管中液体的颜色是否相同,有什么变化,为什么?

(2)高锰酸钾实验 向1支试管中加入0.1%高锰酸钾溶液1 mL和10%硫酸2 mL,分别向2支试管中通入甲烷气体约30 s,然后用塞子塞紧2支试管,振荡,比较2支试管中液体的颜色有什么变化,为什么?

(3)爆炸实验 拿一支带有刻度的试管用排水法先收集1/3体积的甲烷,然后通入2/3体积的氧气,塞好塞子后取出试管,用布包好试管的大部分,只留出试管口,一手拔塞子,一手把试管迅速靠近火焰,观察有什么现象发生,为什么?

(4)可燃性实验 采用安全点火法,装置如图3-2所示。将导气管浸没在水槽的水面以下,导气管出口的上面倒立一个连接尖嘴玻璃管的小漏斗,通入甲烷气体,估计漏斗里的空气排尽后,在尖嘴上点火,观察甲烷能否在空气中燃烧,火焰的颜色怎样[7]?

图 3-2 安全点火法

六、注释

[1]甲烷除了采用醋酸钠和碱石灰反应制备外,还可以由冰醋酸脱羧而得:

$$CH_3COOH \xrightarrow{\triangle} CH_4\uparrow + CO_2\uparrow$$

[2]试管要提前烘干。若没有干燥器,可用以下方法烤干:试管洗净后,用试管夹夹住试管,管口朝下,将试管底部在酒精灯上加热,全部赶出管内底部的水珠,然后试管口朝上,采用从管底部到管口的加热方法,左手拿试管夹,右手持试管口,边加热边转动试管,逐步烤干试管。注意试管夹夹住的地方也要烤干。

[3]将试管口向下倾斜,目的是使反应生成的副产物丙酮蒸气冷却后积留在试管口处,减少丙酮蒸气混入甲烷气流的机会,同时又可避免丙酮倒流至试管的加热部分,引起试管破裂。

[4]碱石灰是由氢氧化钠和生石灰共热而得。使用前应将其烘干,然后再与无水醋酸钠混合。在该实验中用碱石灰比用氢氧化钠好,表现在以下几个方面:

①氢氧化钠是强碱,对试管有很强的腐蚀性,而碱石灰可以减少对试管的腐蚀。

② 氢氧化钠具有很强的吸湿性,如果使用它,试剂吸水后不利于甲烷的生成,而使用碱石灰可以克服这个缺点。

③ 碱石灰易被粉碎,就容易与无水醋酸钠混匀,同时也利于甲烷气体的逸出。

[5] 实验时适量添加苛性钠混合研细可以加快反应的速率。

[6] 如果先在试管底部加热后再向管口加热,则生成的甲烷气体常会冲散反应物,以致冲出玻璃弯导管,而采用先管口再管底的加热方法可以避免上述缺点。

[7] 纯甲烷的火焰是淡蓝色的。此反应中有副产物丙酮产生,所以颜色呈黄色。

七、思考题

1. 烷烃能否与高锰酸钾溶液、溴水反应?在光照下能否与溴起反应?

2. 进行酸性高锰酸钾溶液实验的目的是什么?实验中往往出现紫色消退,这是什么原因?

3. 在这个实验中,使用的试剂为什么用碱石灰,而不直接用氢氧化钠?

4. 甲烷制备出来后,有时在检查甲烷性质时,发现它能使溴水及高锰酸钾溶液褪色,这是否能说明甲烷对外所表现出来的性质是不够稳定的呢?为什么?

实验十六　不饱和烃的制备和性质

核心知识：不饱和烃的制备原理与方法；不饱和烃的性质验证；排水集气法

核心能力：独立进行不饱和烃的制备及性质验证的能力；防范并处理浓酸、浓碱、易燃易爆有机物安全事故的能力

一、实验目的

1. 学习乙烯和乙炔的制备方法。
2. 验证不饱和烃的化学性质。

二、预习要求

乙烯和乙炔在结构上有何异同？试根据其结构分析其性质。实验室如何制备乙烯和乙炔？相对于饱和烃来说，这些不饱和烃的不饱和性表现在哪里？思考本实验中如何防止火灾、爆炸等实验事故的发生。

三、实验原理

烯烃和炔烃是分子中分别含有一个碳碳双键和一个碳碳三键的链烃，双键和三键分别是它们的官能团。在烯烃和炔烃中都有不稳定的 π 键，因此，它们都能发生亲电加成反应、氧化反应和聚合反应等。炔烃三键中有两个 π 键，发生加成反应比烯烃难，不能聚合成高分子。

四、仪器和试剂

铁架台、酒精灯、50 mL 蒸馏烧瓶、100 mL 蒸馏烧瓶、温度计、塞子、橡皮管、玻璃导气管、125 mL 分液漏斗、平衡管等。

饱和硫酸铜溶液、饱和食盐水、1% 溴的四氯化碳溶液、5% 高锰酸钾溶液、10% 硫酸溶液、柴油、汽油、硝酸银氨溶液（Tollens 试剂，又称吐伦试剂）、氯化亚铜氨溶液、95% 乙醇、浓硫酸、10% 氢氧化钠、碳化钙（电石）等。

五、实验内容

1. 不饱和烃的制备

在制备前，要准备好烯烃性质实验的各种试剂。

（1）乙烯的制备[1]

在 50 mL 蒸馏烧瓶中放入 4 mL 95% 乙醇，一边摇动一边加入 12 mL 浓硫酸（密度 1.84 g·mL^{-1}），放入少量干净的干燥的河沙或几片碎瓷片[2]，瓶口用带有温度计（200 ℃ 或 250 ℃）的塞子塞住，温度计的水银球部分应浸入反应液中。蒸馏烧瓶的支管通过橡皮管和玻璃导气管相连，第一支试管里盛有 10% 氢氧化钠溶液，作洗涤乙烯气体用，第二支试管作为收集以及检验乙烯气体用，按如图 3-3 所示把仪器安装好。加热使混合物温度迅速上升至 140 ℃ 以上，保持温度在 160 ℃～170 ℃，调节火焰，保持此温度范围使乙烯气

流均匀地产生,然后再做性质实验。

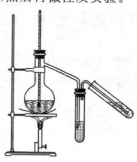

图 3-3　乙烯制备装置

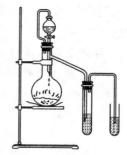

图 3-4　乙炔制备装置

（2）乙炔的制备

在制备前,要准备好炔烃性质实验的各种试剂。

在 100 mL 干燥的蒸馏烧瓶中,放入少许干净的河沙平铺在瓶底,沿瓶壁放入小块状碳化钙 6 g,配一双孔塞子,其中一孔装一个 125 mL 分液漏斗,另一孔装一根平衡管。将分液漏斗的上口和蒸馏烧瓶连通（为什么?）,蒸馏烧瓶支管用橡皮管和导气管与试管相接。试管内盛有 30 mL 饱和硫酸铜溶液[3],装置如图 3-4 所示,在分液漏斗中装 40 mL 饱和食盐水[4],打开分液漏斗旋塞,饱和食盐水慢慢滴入碳化钙,即有乙炔气体产生,注意要控制滴加食盐水的速度,以便控制乙炔气体产生的速度。

2. 不饱和烃性质的检验

（1）乙烯性质的检验

① 加成反应　取 1 支试管加 0.5 mL 1% 溴的四氯化碳溶液。通入乙烯气体于溶液中,边通气边振荡试管,观察溶液有何变化,与烷烃的性质实验相比,有什么不同?并解释之。

② 氧化反应　取 1 支试管加 5 滴 5% 高锰酸钾溶液及 2 滴 10% 硫酸溶液,向溶液中通入乙烯气体,边通气边振荡试管,观察溶液的颜色有什么改变,与上次烷烃的性质实验相比,有什么不同?并解释之。

③ 取柴油或汽油 0.5 mL 代替乙烯,按照上述①、②的实验步骤进行实验,又有什么现象?与乙烯实验的结果相比有什么不同?

（2）乙炔性质的检验

① 加成反应　取 1 支试管加入 0.5 mL 1% 溴的四氯化碳溶液。通入乙炔气体于溶液中,边通气边振荡试管,观察溶液有何变化,与烷烃的性质实验相比,有什么不同?并解释之。

② 氧化反应　取 1 支试管加入 5 滴 5% 高锰酸钾溶液及 2 滴 10% 硫酸溶液,向溶液中通入乙炔气体,边通气边振荡试管,观察溶液的颜色有什么改变,与烷烃的性质实验相比,有什么不同?并解释之。

③ 炔金属化合物的生成　取 2 支试管,分别加入 2 mL 硝酸银氨溶液和氯化亚铜氨溶液,再分别向 2 支试管中通入乙炔气体,注意溶液有何变化,有什么样的沉淀生成?

六、注释

[1] 乙醇与浓硫酸作用,首先生成硫酸氢乙酯,反应放热,故必要时可浸在冷水中冷

却片刻。边加边摇,可防止乙醇碳化。

〔2〕河沙应先用稀盐酸洗涤,除去可能夹杂的石灰质,然后用水洗涤,干燥备用。河沙的作用有:① 做硫酸氢乙酯分解为乙烯的催化剂;② 减少泡沫的生成,以便反应顺利地进行。

〔3〕碳化钙中常含有硫化钙、磷化钙等杂质,它们与水作用,产生硫化氢、磷化氢等气体夹在乙炔中,使乙炔具有恶臭气味。

$$CaS + 2H_2O \longrightarrow Ca(OH)_2 + H_2S\uparrow$$
$$Ca_3P_2 + 6H_2O \longrightarrow 3Ca(OH)_2 + 2PH_3\uparrow$$
$$Ca_3As_2 + 6H_2O \longrightarrow 3Ca(OH)_2 + 2AsH_3\uparrow$$

产生的硫化氢能与硫酸银和硫化铜作用,往往影响实验,故需通入饱和 $CuSO_4$ 溶液,把这些杂质除掉。

〔4〕用饱和食盐水,而不直接用水,是为了使反应能较平稳地进行。

七、思考题

1. 由乙醇和浓硫酸共热制乙烯时,生成的气体中可能含有哪些杂质? 对实验有什么影响?

2. 比较乙烯和乙炔的加成和氧化反应的速率,能说明什么问题?

3. 用电石制取的乙炔可能含有哪些杂质? 在实验中应该怎样除掉?

实验十七　芳香烃的性质

核心知识：芳烃的卤代、氧化反应的本质及性质验证

核心能力：独立进行芳香烃性质验证的能力；对实验现象进行分析的能力；防范并处理浓酸、浓碱、易燃、有毒有机物安全事故的能力

一、实验目的

1. 掌握芳香烃的化学性质和取代反应的条件。
2. 掌握芳香烃的鉴别方法。

二、预习要求

了解苯的亲电取代反应、氧化反应、取代基的定位规律；苯及苯的同系物在发生溴代反应时，在光照或三溴化铁作催化剂的不同条件下的产物是否相同，反应的机理是否相同？能被氧化的苯的同系物在结构上有何特征？思考本实验中如何防止有机物中毒、灼伤等实验事故的发生。

三、实验原理

苯是芳香烃的重要代表物，可以视其为芳香烃的母体，由于苯分子中形成闭合的共轭 π 键，化学性质相当稳定，易发生取代反应，如卤代、硝化、磺化、烷基化及酰基化等反应，难以发生加成和氧化反应。当苯环上有不同的取代基时，会影响取代反应的反应速率，供电子基团活化苯环使亲电取代反应容易进行，吸电子基团则钝化苯环使亲电取代反应难以进行。而在氧化反应中，苯环则表现得比较稳定，要使苯环断裂则需要较苛刻的条件，但苯的同系物只要与苯环相连的碳原子上有氢，则较易被氧化，其氧化的结果是苯环不断裂，侧链被氧化为羧基。

四、仪器和试剂

试管、移液管、洗耳球、水浴锅、小烧杯、玻璃棒、石蕊试纸等。

苯、甲苯、环己烯、二甲苯、0.5％高锰酸钾溶液、10％硫酸溶液、溴的四氯化碳溶液、浓硫酸、浓硝酸等。

五、实验内容

1. 芳香烃的取代反应

(1) 溴[1]代（光对溴代反应的影响）　取 3 支试管，编号，用黑纸把 3 支试管分别包起来（注意不要将试管口包住，试管底部不能见光），在 3 支试管中分别加入苯、甲苯、二甲苯各 2 mL 后，再在每支试管中分别加入 3～4 滴溴的四氯化碳溶液，振荡均匀后，同时拿下黑纸，立即观察是否褪色。然后把试管放在离灯源 2 cm～3 cm 处（或日光下），使每支试管上光照强度基本相等。观察试管里溶液褪色的快慢，哪一支试管里的溶液变化不大？解释并写出相应的化学反应方程式。若在管口用湿润的石蕊试纸测试，有何现象？

（2）磺化　取 2 支干净干燥的试管,编号,用移液管分别加入苯、甲苯各1.5 mL,再分别慢慢加入 2 mL 浓硫酸(小心操作!),振摇均匀,将试管放在 70 ℃～80 ℃ 的水浴中加热,几分钟后,当反应液不再分层时,则表示反应完成。这时再分别将 2 支试管中的反应液倾入盛有 10 mL 冷水的两个小烧杯中,观察现象并加以解释,写出相应的化学反应方程式。同时比较一下上述两种试剂的反应活性大小。

（3）硝化　取 2 支干燥的试管,编号,用移液管分别加入 1.5 mL 浓硝酸。在冷却下分别逐滴加入 2 mL 浓硫酸,冷却振荡,制成混酸。稍冷后,在每支试管中分别慢慢滴加 1 mL 苯、甲苯,充分振荡,数分钟后观察有什么现象。必要时在 60 ℃ 以下水浴中加热几分钟。取出试管稍冷后,将试管中的液体分别倒入两个盛有 10 mL 冷水的小烧杯中,搅拌、静置,观察生成物为浅黄色油珠,并注意有无苦杏仁味[2]。比较所发生的现象并加以解释,写出相应的化学反应方程式。

2. 高锰酸钾溶液氧化

取 3 支干净的试管,编号,各加入 1 滴 0.5％高锰酸钾溶液和 1 mL 10％硫酸溶液,然后分别加入苯、甲苯、环己烯各 10 滴,剧烈振摇,必要时在 60 ℃～70 ℃ 水浴中加热 2 min～3 min,观察比较所发生的现象[3]并加以解释,写出相应的化学反应方程式。

六、注释

[1] 溴具有强腐蚀性,对皮肤有很强的灼伤性,其蒸气对黏膜有刺激作用,因此在量取时必须戴上橡皮手套在通风橱中进行。

[2] 在本实验的条件下,生成的黄色油状液体,比水重,沉于烧杯底部,具有苦杏仁味。如果反应不完全,则有剩余的苯残留于硝基苯中,将其倒入水中后以油状物浮于水面,若搅拌后仍不能沉于水底,则应重复此次实验。

[3] 有时装苯的试管也有变色现象,主要原因是:苯中含有少量甲苯或硫酸中含有微量还原性物质或者水浴温度过高,加热时间过长。

七、思考题

1. 什么是芳香性?

2. 甲苯的卤代、硝化为什么比苯容易进行?

3. 制备混酸时要注意哪些问题?

实验十八　醇和酚的性质

核心知识:醇和酚的重要化学性质的验证

核心能力:独立进行醇和酚性质验证的能力;观察实验结果的总结分析能力

一、实验目的

1. 进一步掌握醇和酚的重要化学性质及其差异。
2. 掌握醇和酚的化学鉴定方法。

二、预习要求

分析醇和酚在组成结构特点、化学性质上的异同;预习卢卡斯(Lucas)试剂与不同的醇反应时的现象;分析钠与乙醇反应的速率相对于钠与水反应的速率哪个快;掌握怎样鉴别酚;思考本实验中如何防止有机物中毒、火灾等实验事故的发生。

三、实验原理

醇和酚的分子结构中都含有羟基,但是醇中的羟基是与脂肪烃基相连(常称为醇羟基),酚中的羟基是与芳环直接相连(常称为酚羟基)。由于它们所连的烃基结构不同,且酚羟基与芳环之间存在着 p-π 共轭现象,因此,醇和酚在化学性质上有很多不同。

四、仪器和试剂

试管、试管夹、酒精灯、烧杯、钥匙、镊子、表面皿、吸量管、洗耳球、胶头滴管、玻璃棒等。

无水乙醇、钠、正丁醇、仲丁醇、叔丁醇、10% 甘油、10% 乙二醇、5% NaOH、5% $CuSO_4$、1% $FeCl_3$、苯酚的饱和溶液、饱和溴水、1% $K_2Cr_2O_7$、3 mol·L^{-1} H_2SO_4、2 mol·L^{-1} HCl、5% Na_2CO_3、0.5% $KMnO_4$、卢卡斯试剂[1]、红色石蕊试纸、广泛 pH 试纸等。

五、实验内容

1. 醇的性质

(1) 比较醇在水中的溶解性　取 3 支试管,编号。各加入 2 mL 水,然后分别滴加乙醇、丁醇、辛醇各 20 滴,振摇并观察每一种物质的溶解情况,观察是否有分层现象,说明醇的水溶性有什么特征? 为什么?

(2) 醇钠的生成及水解[1]　取 2 支干燥的试管,编号。分别加入 1 mL 的无水乙醇和正丁醇,然后分别向 2 支试管中加入一粒绿豆大小、表面新鲜的金属钠(用镊子夹取),用大拇指按住试管口,等试管里的气体平稳放出并增多时,将试管口靠近灯焰,放开大拇指,观察有何现象发生。待金属钠完全消失后,向试管中加入 5 mL 水,振荡,加入酚酞指示剂,观察并解释所发生的现象。写出有关化学反应方程式,并加以解释。

(3) 与卢卡斯试剂[2]作用　取 3 支干燥的试管,编号。分别加入正丁醇、仲丁醇、叔丁醇各 10 滴,再各加 2 mL 卢卡斯试剂,充分振荡后静置(温度最好保持在 26 ℃～27 ℃),观察 3 支试管中溶液的变化,将无明显变化的试管放入温水浴中微热并振荡,观察现象,比较三类醇与卢卡斯试剂作用的情况。写出有关化学反应方程式,并加以解释。

(4) 醇的氧化 取 3 支洁净的试管,编号。分别加入正丁醇、仲丁醇、叔丁醇各 10 滴,再各加 1 mL 1% $K_2Cr_2O_7$ 和 10 滴 3 mol·L^{-1} H_2SO_4,充分振荡后观察溶液颜色的变化及变色快慢顺序,比较三类醇的反应速率。写出有关化学反应方程式,并加以解释。

(5) 多元醇的反应 取 3 支洁净的试管,编号。各加入 5 滴 5%$CuSO_4$ 溶液和 10 滴 5%NaOH 溶液摇匀,观察所发生的现象。然后分别加入 5 滴 10%甘油和 10%乙二醇,振荡试管,再观察有什么现象发生。最后向每支试管中各加入 1 滴浓盐酸,混匀后试管中的颜色又有何变化?写出有关化学反应方程式,并加以解释。

2. 酚的性质

(1) 苯酚的酸性 取 1 支干净的试管,加入 5 mL 苯酚饱和溶液,用玻璃棒在此试管中蘸取 1 滴溶液滴于广泛 pH 试纸上检验其酸性。然后把上述苯酚饱和溶液平均分装于 2 支试管中,一支作空白对照,在另一支中逐滴加入 5%氢氧化钠溶液,边加边振荡,直至溶液澄清(发生了什么化学反应?)。然后在此溶液中逐滴加入 2 mol·L^{-1} 的 HCl 至溶液呈酸性,观察有何现象发生。写出有关化学反应方程式,并加以解释。

(2) 苯酚与饱和溴水反应 取苯酚饱和水溶液 2 滴于试管中,加水稀释至 1 mL,逐滴加入饱和溴水,观察发生的现象。如果继续加入过量的饱和溴水[3],会有什么现象出现?写出化学反应方程式,并解释之。

(3) 苯酚与三氯化铁作用 取 1 支试管,加入苯酚饱和溶液 10 滴,加水稀释至 2 mL,然后加入 2～3 滴 1%$FeCl_3$ 溶液,振荡并观察溶液颜色的变化。若溶液颜色太深,可适当稀释后再观察。若再加入 2 mol·L^{-1} HCl[4],溶液颜色又有何变化?试解释之。

(4) 苯酚的氧化反应 向试管中加入 10 滴苯酚饱和溶液,再滴加 5 滴 5%碳酸钠溶液和 1～2 滴 0.5%$KMnO_4$ 溶液,振荡试管,观察试管中物质的变化,写出有关化学反应方程式。

六、注释

[1] 本实验应该在绝对无水的条件下进行,但除了醇外,某些含有活泼氢的杂质也能与钠反应放出氢气,所以在实际工作中很少利用此性质鉴定醇类。

[2] 卢卡斯试剂宜临用时配制,将 34 g 无水氯化锌于蒸发皿中强热熔融,稍冷后放在干燥器中冷却至室温,取出捣碎,溶于 23 mL 浓盐酸(密度 1.187 g·mL^{-1})中,边加边搅拌,以防氯化氢逸出。冷却后,存于玻璃瓶中,塞紧瓶盖。

[3] 饱和溴水可使苯酚生成三溴苯酚白色沉淀。过量的溴水可以使三溴苯酚白色沉淀转变为黄色沉淀:

〔4〕大多数具有烯醇式结构的化合物（包括酚类）都可以和三氯化铁发生显色反应，例如苯酚：

$$FeCl_3 + 6C_6H_5OH \longrightarrow [Fe(OC_6H_5)_6]^{3-} + 6H^+ + 3Cl^-$$

加入酸可以抑制反应的进行，使得有色阴离子浓度降低直至溶液褪至无色。

七、思考题

1. 做乙醇和钠的反应实验时，为什么要用无水乙醇？

2. 为什么苯酚的溴代反应比苯和甲苯的溴代反应容易得多？

3. 为什么卢卡斯试剂只适用于鉴别含六个碳原子以下的醇？

4. 为什么酚能与碱发生反应而醇不能？

实验十九　醛和酮的性质

核心知识：醛酮的性质及其验证方法；碘仿反应、银镜反应等

核心能力：独立进行醛酮性质验证的能力；对实验现象进行分析的能力；防范并处理浓酸、浓碱、易燃、有毒有机物安全事故的能力

一、实验目的

1. 验证和掌握醛和酮的重要化学性质。
2. 掌握醛和酮的化学鉴定方法。

二、预习要求

了解醛和酮在结构、性质上有何异同；掌握吐伦（Tollens）、菲林（Fehling）试剂的作用原理；掌握能发生碘仿反应的物质的组成结构特征及碘仿反应的用途；思考本实验中如何防止有机物中毒、火灾等实验事故的发生。

三、实验原理

羰基是醛和酮的官能团，也是它们的反应中心。醛、酮可与饱和亚硫酸氢钠、醇、2,4-二硝基苯肼、苯肼、羟胺等试剂发生亲核加成反应，所得产物经适当处理可得原来的醛、酮，这些反应可以用来分离、提纯和鉴别醛、酮。另外，醛还可以与吐伦试剂、菲林试剂发生反应（芳香醛只能与吐伦试剂反应，不能与菲林试剂发生反应），甲基酮还可以发生碘仿反应。

四、仪器和试剂

试管、试管夹、酒精灯、烧杯、水浴锅、胶头滴管、吸量管、洗耳球等。

甲醛、乙醛、丙酮、苯甲醛、饱和亚硫酸氢钠溶液、2,4-二硝基苯肼、5% $AgNO_3$ 溶液、2% $NH_3 \cdot H_2O$、10% NaOH、2% $CuSO_4$、I_2-KI 溶液、苯甲醛乙醇溶液、5%甲醛水溶液、5%乙醛水溶液、5%丙酮水溶液、95%乙醇、异丙醇、硝酸等。

五、实验步骤

1. 醛、酮的亲核加成反应

（1）醛、酮与亚硫酸氢钠的加成反应　　在编好号的 4 支试管中各加入 2 mL 新配制的饱和亚硫酸氢钠溶液，再分别滴加 20 滴乙醛、苯甲醛、丙酮、3-戊酮，一边用力振荡试管，一边注意观察 4 支试管中所发生的变化，若无沉淀产生，可用玻璃棒摩擦试管或加入 2 mL～3 mL 乙醇并摇匀，静置约 2 min 后，再观察现象，并写出相应的化学反应方程式。

滤出乙醛与亚硫酸氢钠加成物，加入 2 mL HCl，注意有何气味逸出，为什么？这类反应有何实际意义？

（2）醛、酮与 2,4-二硝基苯肼（配制方法见附录三）的反应　　在编好号的 4 支试管中各滴加 1 mL 2,4-二硝基苯肼溶液，分别加入 2 滴甲醛水溶液、5%乙醛溶液、5%丙酮溶液

和苯甲醛的乙醇溶液(若试样为固体,不溶于水,也可先向试管加入 10 mg 试样,再滴加 1 mL～2 mL 乙醇助其溶解),振荡后,静置片刻。观察试管中所发生的变化,若无晶体析出,可在水浴中微热 30 s 后,再振荡、静置,观察生成物的颜色,并写出相应的化学反应方程式。

(3) 碘仿反应　在编好号的 5 支试管中分别滴加 3～5 滴 5％甲醛溶液、40％乙醛溶液、5％丙酮溶液、95％乙醇、异丙醇,再分别滴加 1 mL 5％氢氧化钠溶液,再逐渐滴加 I$_2$-KI 溶液(为什么不直接用碘溶液?),边滴边摇,直至反应液能保持浅黄色为止。继续轻摇试管,溶液的浅黄色逐渐消失,随之析出浅黄色沉淀,同时逸出一种特殊气味的碘仿气体。若未生成沉淀或出现白色乳浊液,可将试管放入 50 ℃～60 ℃水浴中温热几分钟,再观察现象。若溶液的浅黄色已经褪尽仍无沉淀产生,则应该再追加几滴 I$_2$-KI 溶液,微热、静置、观察,并写出相应的化学反应方程式。

2. 区别醛和酮的化学反应

(1) 银镜反应(Tollens 试剂)　在 1 支洁净的试管中加入 3 mL～5 mL 5％硝酸银溶液,逐滴加入 2％ NH$_3$·H$_2$O 至最初产生的棕褐色沉淀恰好消失为止。将此溶液分装于 4 支已编好号的试管中,分别滴加 2～4 滴 40％乙醛溶液、苯甲醛乙醇溶液、5％丙酮水溶液、3-戊酮乙醇溶液,摇匀,静置数分钟,若无变化,将试管放入 50 ℃～60 ℃水浴中温热 5 min(加热时间不能过长,否则会生成易爆炸的氮化银 Ag$_3$N),观察有无银镜生成,解释此现象,并写出相应的化学反应方程式。

使用完毕,应及时将试管中的溶液倒尽,并加入少量硝酸煮沸,以洗去银镜。

(2) 与新制的碱性氢氧化铜反应　取 4 支试管编号,依次各加入 1 mL 10％的氢氧化钠溶液,滴加 2％CuSO$_4$ 溶液 4～5 滴,混合均匀后,分别滴加 10 滴 40％乙醛溶液、苯甲醛的乙醇溶液、5％丙酮水溶液和 3-戊酮乙醇溶液,振荡后,将试管置于沸水浴中加热,注意观察各试管中溶液颜色的变化及有无砖红色沉淀生成。然后分别向显紫红色的试管中逐滴滴加浓盐酸,边滴边摇,密切观察溶液颜色的变化,并写出相应的化学反应方程式。

六、思考题

1. 卤仿反应为什么不用氯和溴而用碘?配制碘试剂时为什么要加碘化钾?

2. 要想得到较好的银镜,应注意哪些问题?

实验二十　羧酸及其衍生物的性质

核心知识:羧酸及其衍生物的性质及其验证方法

核心能力:独立进行羧酸及其衍生物性质验证的能力;能对实验现象进行分析的能力;防范并处理浓酸、浓碱、易燃、有毒有机物安全事故的能力

一、实验目的

1. 验证羧酸及其衍生物的化学性质。
2. 了解油脂的性质和肥皂的制备原理及其性质。

二、预习要求

了解羧酸及其衍生物有哪些化学性质;从醇和酸的官能团结构上的差异出发,试解释乙酸中羟基所表现出来的酸性为什么比乙醇中羟基所表现出来的酸性强;掌握酯、酰氯、酸酐、酰胺的相对反应活性大小;思考本实验中如何防止有机物中毒等实验事故的发生。

三、实验原理

羧酸的官能团是羧基（—C（=O）—OH）,在这个羧基官能团中的羟基与羰基存在着 $p-\pi$ 共轭效应,羧酸的化学性质与此结构密切相关。羧酸衍生物分子中都含有酰基,能发生一些相近的化学反应,但因酰基所连的基团不同,其反应活性存在差异。

四、仪器和试剂

玻璃棒、试管、吸量管、洗耳球、托盘天平等。

甲酸、乙酸、10％草酸、苯甲酸、无水乙醇、冰醋酸、苯胺、乙酰氯、乙酸酐、浓硫酸、20％硫酸、0.5％高锰酸钾、10％氢氧化钠、2％硝酸银、红色石蕊试纸、饱和碳酸钠溶液、饱和溴水、熟猪油、95％乙醇、饱和食盐水、1％ $CuSO_4$、3％溴的 CCl_4 溶液、刚果红试纸。

五、实验内容

1. 酸的性质

（1）酸性试验（刚果红试纸试验）　取 3 支已编好号的试管,各加入 2 mL 水,再向 3 支试管中分别装入 10 滴甲酸、10 滴乙酸和 0.5 g 草酸,摇匀,然后用洗净的玻璃棒分别蘸取相应的酸液在同一条刚果红试纸[1]上画线,比较各条线的颜色深浅程度,并解释之。

（2）氧化反应　取 3 支试管,编号,分别加入 10 滴甲酸、乙酸、10％草酸溶液,然后再向每支试管中分别加入 2 滴稀硫酸（1∶5）和 4 滴 0.5％高锰酸钾溶液,加热至沸腾,观察颜色变化,比较反应速率,并解释之。

（3）成盐反应　称取 0.2 g 苯甲酸晶体放入盛有 1 mL 水的试管中,加入 10％氢氧化钠溶液数滴,振荡,观察现象。接着再加入数滴 10％盐酸,振荡,观察现象,并解释之。

（4）加热分解作用　将 1 mL 甲酸、1 mL 冰醋酸和 1 g 草酸分别加入 3 支带导管的小

试管中,导管的末端分别伸入 3 支各自盛有 2 mL 的石灰水的小试管中(导管要插入石灰水中)。加热试样,观察小试管里石灰水溶液有何现象,并解释之。

(5) 酯化反应　在 1 支干燥的试管中加入无水乙醇和冰醋酸各 10 滴,再加入 2 滴浓硫酸,振荡均匀后,在 60 ℃～70 ℃ 的热水浴中温热约 10 min。取出冷却,最后向试管中加入 3 mL 水。观察试管中是否有酯层析出并浮于液面上(若不分层可加入数滴 10% 氢氧化钠溶液),有何气味? 并解释之。

2. 酰氯和酸酐的性质

(1) 水解作用　在试管中加入 2 mL 蒸馏水,再加入 5 滴乙酰氯[2],这时,沉入管底的乙酰氯迅速溶解并放出热量(为什么?),冷却后,在溶液中滴加 2 滴 2% 硝酸银溶液,摇匀,观察现象,并解释之。

(2) 醇解作用　在 1 支干燥的试管中加入 20 滴无水乙醇,慢慢滴加 20 滴乙酰氯,同时用冷水冷却试管并不断振荡。反应结束后,先加入 1 mL 水,然后慢慢地加入饱和碳酸钠溶液,使之呈弱碱性(石蕊试纸检查),振摇,静置,即有一酯层浮于液面上。如果没有酯层浮起,可向溶液中加入粉状的氯化钠使溶液饱和为止,观察现象,闻其气味,并解释之。

(3) 氨解作用　在 1 支干燥的试管中加入新蒸馏过的淡黄色苯胺 5 滴,然后慢慢滴加乙酰氯 8 滴,待反应结束后再加入 5 mL 水并用玻璃棒搅拌均匀,观察现象,并解释之。

用乙酸酐代替乙酰氯重复上述三个实验,需在热水浴加热的情况下,较长时间才能完成上述反应。

3. 酰胺的水解作用

取 2 支干燥的试管,各加 0.5 g 乙酰胺,然后向其中一支试管加入 10% 氢氧化钠溶液 3 mL,另一支试管中加入 20% 硫酸 3 mL,混合均匀,小火加热至沸腾,用湿润的红色石蕊试纸在试管口检验是否有氨或乙酸蒸气逸出,以判断反应是否发生,并解释之。

4. 油脂的性质

(1) 油脂的不饱和性　取 0.2 g 熟猪油和 5 滴菜油分别放入 2 支干净的小试管中,并分别加入 1 mL CCl_4,振荡使之溶解。然后分别滴加 3% 溴的 CCl_4 溶液,边加边振荡,滴至各试管中溴的颜色不再褪去时为止(注意各试管油溶液橙黄色深浅应一致),记下各种油溶液所需溴溶液的滴数,比较各种油的不饱和程度,并解释之。

(2) 油脂的皂化　取 3 g 油脂[3]、3 mL 95% 乙醇和 3 mL 30%～40% 氢氧化钠溶液放入一个干净的大试管内,摇匀后在沸水中加热煮沸,此时油脂在碱性条件下发生水解,称为油脂的皂化反应。待试管中的反应物成一相后,继续加热 10 min 左右,并时时加以振荡。皂化完全后[4],将制得的黏稠液体倒入盛有 15 mL～20 mL 温热的饱和食盐水的小烧杯中,边倒边搅,就会有一层肥皂浮到溶液表面(盐析作用),将析出的肥皂用布过滤拧干,做下面的实验:

取 0.5 g 盐析过肥皂的饱和食盐水 2 mL,加入 40% NaOH 溶液数滴,然后滴加 1% $CuSO_4$ 溶液,观察有何现象发生,此现象证明有何物质存在?

六、注释

[1] 刚果红试纸变色范围为 pH 3.0～pH 5.0,pH 试纸也可以。

[2] 若乙酰氯纯度不够,则往往含有 $CH_3COOPCl_2$ 等磷化物。久置将产生混浊或者

析出白色沉淀,从而影响到本实验的结果。为此,必须使用无色透明的乙酰氯进行有关的实验。

〔3〕所用的油脂可以选用硬化油和适量猪油混合后使用。若单纯使用硬化油,则制得的肥皂太硬;若只用植物油,则制得的肥皂太软。皂化时加入乙醇的目的是使油脂和碱液能混为一相,加速皂化反应的进行。

〔4〕皂化是否完全的测定:取几滴皂化液放入一试管中,加 2 mL 蒸馏水,加热并不断振荡。若此时无油滴分出,则表示皂化已经完全;若皂化不完全,则再皂化几分钟,再次检验皂化是否完全。

七、思考题

1. 甲酸为什么有还原性?乙酸为什么对氧化剂稳定?

2. 羧酸成酯反应为什么必须控制在 $60\,℃\sim70\,℃$?温度偏高或偏低会对反应有什么影响?

3. 写出甲酸、冰醋酸、草酸加热分解的反应方程式。

实验二十一　糖类物质的性质

核心知识：糖类物质的性质及其验证方法；还原糖与非还原糖的特点

核心能力：独立进行糖类物质性质验证的能力；对实验现象进行分析的能力；颜色反应的运用能力；防范并处理浓酸、浓碱、易燃、有毒有机物安全事故的能力

一、实验目的

1. 验证和巩固糖类物质的主要化学性质。
2. 掌握鉴别糖类物质的方法和原理。

二、预习要求

理解还原糖、非还原糖的定义；了解还原糖在组成结构上有何特点，与非还原糖有何区别；比较葡萄糖和果糖的结构；常见的二糖、还原糖有哪些；思考本实验中如何防止有机物中毒及爆炸等实验事故的发生。

三、实验原理

糖类化合物又称碳水化合物，通常分为单糖、二糖和多糖，还可以分为还原糖和非还原糖。还原糖具有半缩醛（酮）的结构，能使吐伦、菲林试剂还原，非还原性糖则不具有此性质。

常用 α-萘酚鉴别糖类化合物，即在浓硫酸存在下，糖与 α-萘酚作用产生颜色反应；用间苯二酚还可区别酮糖（果糖）和醛糖（葡萄糖）；淀粉遇碘显蓝色，可作为淀粉的一种鉴别方法。

另外，二糖和多糖在一定条件下能水解成单糖或简单的低聚糖。

四、仪器和试剂

试管，试管夹，水浴锅等。

5％葡萄糖溶液、5％麦芽糖溶液、5％蔗糖溶液、新配制的 1％淀粉溶液、10％氢氧化钠溶液、2％硫酸铜溶液、5％硝酸银溶液、2％$NH_3 \cdot H_2O$、浓硫酸、浓盐酸。

五、实验内容

1. 糖的还原性

（1）银镜反应（Tollens 试剂）[1]　取 4 支管壁干净的试管，编号。另取一支大试管，加入 6 mL 5％硝酸银溶液、2～3 滴 10％氢氧化钠溶液，试管中立即有棕黑色沉淀出现，用力摇试管，逐滴滴加 2％氨水，边滴边摇，直到棕黑色沉淀恰好完全消失为止，此时溶液呈无色清亮状，即得吐伦试剂。将此溶液分为 4 份置于已编号的 4 支试管中，然后分别加入 5％葡萄糖溶液、5％麦芽糖溶液、5％蔗糖溶液和 1％淀粉溶液各 5 滴，把试管放在 60 ℃左右的热水浴中加热数分钟，观察并比较结果，解释原因。

（2）与菲林试剂反应　菲林试剂 A 和 B[2] 各 2 mL，混合均匀后，等分为 4 份分别置于

4支试管中,编号。分别滴入5％葡萄糖溶液、5％麦芽糖溶液、5％蔗糖溶液和1％淀粉溶液各10滴,振摇试管,将各试管同时放入沸水浴中加热2 min～3 min后,取出放到试管架上冷却,观察并比较结果,注意颜色变化及是否有沉淀析出,并解释之。

2. 糖的显色反应

（1）莫立许（Molisch）反应[3]　取4支试管,编号后,分别加入5％葡萄糖溶液、5％麦芽糖溶液、5％蔗糖溶液和1％淀粉溶液各2 mL,再各加2滴10％α-萘酚的95％乙醇溶液,混匀后,将试管倾斜45°,沿试管壁慢慢加入1 mL浓硫酸（勿摇动）,然后小心竖起试管,硫酸在下层,试液在上层,若两层交界处出现紫色环,表示溶液含有糖类化合物。若数分钟内无颜色,可在水浴中温热3 min～5 min,切勿摇动! 再仔细观察。记录各试管中所出现环的颜色。

（2）间苯二酚反应（Seliwanoff反应）　取4支试管,编号后,分别加10滴间苯二酚—盐酸试剂[4]。再各加1滴5％葡萄糖溶液、5％果糖溶液、5％蔗糖溶液和1％淀粉溶液。混合均匀后,将4支试管同时放入沸水浴中加热2 min。比较各试管中出现颜色的次序。

3. 淀粉与碘的作用

取1支试管加10滴1％淀粉溶液和1滴0.1％碘液,溶液立即出现蓝色,将试管放入沸水浴中加热5 min～10 min,观察有什么现象发生。然后取出试管,放置冷却,又有什么变化?

4. 蔗糖和淀粉的水解

（1）蔗糖的水解　取2支试管,编号后,分别加入2 mL 5％蔗糖溶液,向1号试管中加8滴1∶5的H_2SO_4溶液,2号试管中加8滴蒸馏水,混合均匀后,将2支试管同时放入沸水中加热10 min～15 min,取出冷却,1号试管用10％氢氧化钠中和至中性。再向1号、2号试管中加入2 mL菲林试剂A和B混合液（1∶1）,摇动均匀,将2支试管同时放入沸水浴中加热2 min～3 min。观察1号、2号试管中的颜色变化,说明什么问题?

（2）淀粉的水解　取1个小烧杯加10 mL 1％淀粉溶液和8滴浓盐酸,放在沸水浴中加热。每隔5 min从小烧杯中取少量液体做碘试验,直到不起碘反应为止。冷却后,向小烧杯中逐滴加入10％氢氧化钠溶液中和至弱碱性。此时,取出1 mL淀粉水解液于1支试管中,另取1支试管加1 mL 1％淀粉溶液。在此2支试管中分别加入4滴菲林试剂,摇动均匀后,将2支试管同时放在沸水浴中加热2 min～5 min。观察颜色变化,说明什么问题?

六、注释

［1］吐伦试剂久置后将析出黑色的氮化银（Ag_3N）沉淀,它受震动时分解,发生猛烈爆炸,有时潮湿的氮化银也能引起爆炸。因此,吐伦试剂必须现用现配。

［2］菲林试剂A:溶解3.5 g硫酸铜晶体（$CuSO_4 \cdot 5H_2O$）于100 mL水中,混浊时过滤。

菲林试剂B:溶解酒石酸钾钠晶体17 g于15 mL～20 mL热水中,加入20 mL 20％的氢氧化钠,稀释至100 mL。

此两种溶液要分别储藏,使用时才取等量试剂A和试剂B混合。

[3] α-萘酚反应是鉴别糖类化合物最常用的颜色反应。单糖、二糖和多糖一般都可以发生此反应,但氨基糖不发生此反应,此外,丙酮、甲酸、乳酸、草酸、葡萄糖醛酸、各种糠醛衍生物和甘油醛等均产生近似的颜色反应。因此,发生此反应表明可能有糖存在,但仍需进一步做其他实验才能肯定,而不发生此反应则为无糖类物质存在的确证。

[4] 间苯二酚 0.05 g 溶于 50 mL 浓盐酸,再用水稀释至 100 mL。

七、思考题

1. 糖类物质有哪些特性?

2. 糖分子中的羟基、羰基与醇分子中的羟基以及醛、酮分子中的羰基有何联系和区别?

3. 葡萄糖和果糖的结构是否相同? 两者在酸的作用下形成羟甲基糠醛的速率哪个快?

4. 如何鉴别醛糖和酮糖?

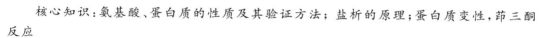

实验二十二　氨基酸和蛋白质的性质

核心知识：氨基酸、蛋白质的性质及其验证方法；盐析的原理；蛋白质变性，茚三酮反应

核心能力：独立进行氨基酸、蛋白质性质验证的能力；对实验现象进行分析的能力；颜色反应的运用能力；防范并处理浓酸、浓碱、易燃、有毒有机物安全事故的能力

一、实验目的

1. 验证氨基酸和蛋白质的重要化学性质。
2. 掌握蛋白质的鉴定方法。

二、预习要求

了解组成蛋白质的氨基酸在组成结构上有何特征；掌握盐析的定义；掌握蛋白质发生不可逆的沉淀反应的条件；思考本实验中如何防止有机物中毒。

三、实验原理

蛋白质是生物体尤其是动物体的基本组成物质，是由多种氨基酸组成的一类天然高分子化合物。在酸、碱存在下或受酶的作用，蛋白质水解最终形成的产物为各种氨基酸的混合物，其中以 α-氨基酸为主。

关于氨基酸和蛋白质的性质我们只做蛋白质的沉淀、蛋白质的颜色反应和蛋白质的分解等性质实验，这些性质有助于认识或鉴定氨基酸和蛋白质。

四、仪器和试剂

水浴锅、试管、试管夹等。

蛋白质溶液、饱和 $CuSO_4$ 溶液、饱和 $(NH_4)_2SO_4$、饱和 $Pb(Ac)_2$、饱和 $AgNO_3$、5％ HAc、饱和苦味酸溶液、饱和鞣酸溶液、茚三酮试剂、10％ NaOH、1％ $CuSO_4$、40％ NaOH、浓硝酸。

五、实验内容

1. 蛋白质的沉淀反应

（1）蛋白质的可逆沉淀（盐析作用）

取 2 mL 蛋白质溶液置于试管中，加入 2 mL 饱和 $(NH_4)_2SO_4$ 溶液，将混合物稍加振荡，静置几分钟，观察有球蛋白沉淀析出，过滤。然后在滤液中逐渐加固体硫酸铵，边加边摇，直至饱和（约需硫酸铵0.5 g～1.0 g）。此时，蛋白质沉淀析出。

另取一支试管，加10滴混浊的蛋白质溶液，再加 2 mL～3 mL 水，振荡，观察蛋白质沉淀是否又重新溶解。

（2）蛋白质的不可逆沉淀

① 重金属盐沉淀　取 3 支已编号的试管，分别加入 1 mL 蛋白质溶液，然后分别加入

2~3 滴饱和硫酸铜溶液、饱和醋酸铅溶液、饱和硝酸银溶液,观察现象。

另取一支试管,加 10 滴已滴加硝酸银的蛋白质溶液,再加 2 mL~3 mL 蒸馏水,摇动均匀,观察硝酸银蛋白质溶液是否溶解。

② 生物碱试剂沉淀　取 2 支试管,各加入 1 mL 蛋白质溶液和 2 滴 5% 醋酸,使之呈酸性(这个沉淀反应最好在弱酸性溶液中进行)。然后分别加入饱和苦味酸溶液、饱和鞣酸溶液 2~3 滴,观察现象。

③ 加热沉淀　取 1 支试管,加 2 mL 蛋白质溶液,在沸水中加热 5 min~10 min 左右,观察现象。

2. 蛋白质的颜色反应

(1)茚三酮反应　在 4 支已编号的试管中,分别加入 1% 的甘氨酸、酪氨酸、色氨酸和蛋白质溶液各 1 mL,再分别滴加茚三酮试剂 2~3 滴,在沸水浴中加热 15 min 左右,有什么现象?

(2)蛋白质的双缩脲反应　取 1 支试管,加入 1 mL 蛋白质溶液和 1 mL 10% 氢氧化钠溶液,再加入 2~3 滴 1% 硫酸铜溶液,观察现象。

(3)黄蛋白反应　在 1 支试管中加入 2 mL 蛋白质溶液和 1 mL 浓硝酸,摇匀,由于强酸作用,蛋白质出现白色沉淀或混浊,然后在沸水浴中加热,观察沉淀颜色的变化。冷却后,滴加 40% NaOH 溶液至碱性,观察颜色有何变化。(皮肤接触到硝酸之后变色就是这个原因。)

六、注释

[1]重金属在浓度很低时就能沉淀蛋白质,与蛋白质形成不溶于水的类似盐的化合物。因此蛋白质是许多重金属中毒时的解毒剂。用重金属盐沉淀蛋白质和蛋白质加热沉淀均是不可逆的。

[2]硫酸铜溶液不能加入过量,否则硫酸铜在碱性溶液中生成氢氧化铜沉淀,会遮蔽所产生的紫色反应。

[3]蛋白质盐析的机制可能是:① 蛋白质分子所带的电荷被中和;② 蛋白质分子被盐脱去水化层;③ 沉淀出的蛋白质化学性质未变,降低盐的浓度时沉淀仍能溶解。

[4]蛋白质溶液的配制:取鸡蛋清 25 mL,加蒸馏水 100 mL,搅匀后,用洁净的绸布或白细布滤去析出来的球蛋白,即得澄清的蛋白质溶液。

七、思考题

1. 怎样区分蛋白质的可逆沉淀和不可逆沉淀?

2. 为什么鸡蛋清可用做铅或汞中毒的解毒剂?

第 四 部 分

有机化合物合成实验

◆乙酸乙酯的制备

◆无水乙醇的制备

◆乙醚的制备

◆甲基橙的制备

◆乙酰水杨酸的制备

◆十二烷基硫酸钠的合成及应用

◆乙酰苯胺的制备

◆溴乙烷的制备

◆环己酮的制备

◆肥皂的制备

合成实验报告格式(仅供参考)

实验课题名称: _____

_____年_____月_____日　　　　实验室:_____

实验人(小组):_____　　　学　号:_____

一、实验目的

二、实验原理(主反应式、副反应式)

三、主要试剂及产物的物理常数

名称	相对分子量	性质	折光率	密度	熔点	沸点	溶解度/g·(100 mL)$^{-1}$		
							水	乙醇	乙醚

四、仪器和实验装置图

五、操作记录

	1	2	3
合成路线			
步　骤			
现　象			

六、粗产物纯化过程及原理

七、产量、产率

八、问题与讨论

关于产率计算: $产率 = \dfrac{实际产量}{理论产量} \times 100\%$

① 参加反应的物质有两种或两种以上者,应以物质的量最少的物质为基准来计算理论产量和产率。

② 不能用催化剂、引发剂来计算理论产量。

③ 有些反应某种产物以几种异构体形式存在时,产物的理论产量为各种异构体的理论产量之和,实际产量也为各种异构体实际产量之和。

实验二十三　乙酸乙酯的制备

核心知识：酯化的原理与方法；酯化产率的影响因素；有机合成产率计算

核心能力：独立进行酯化反应操作的能力；对实验现象进行分析的能力；产品后处理及分析能力；防范并处理浓酸、火灾、有毒有机物安全事故的能力

一、实验目的

1. 了解酯化反应的原理和方法。

2. 进一步掌握蒸馏操作、分液漏斗的使用以及液态有机物洗涤和干燥等基本操作技能。

二、预习要求

了解乙酸和乙醇反应的机理及反应产物水的形成过程；思考从哪几个方面来提高产物乙酸乙酯的产率；思考液态有机物洗涤除杂时要注意哪些问题；思考本实验中如何防止有机物中毒、火灾等实验事故的发生。

三、实验原理

有机酸和醇在浓硫酸的存在下，加热时会发生酯化反应生成酯。

$$CH_3COOH + CH_3CH_2OH \underset{110\,℃\sim120\,℃}{\overset{浓硫酸}{\rightleftharpoons}} CH_3COOCH_2CH_3 + H_2O$$

实验中，必须控制好反应温度，若温度过高，会产生大量的副产物乙醚。

$$2CH_3CH_2OH \xrightarrow[140\,℃]{浓硫酸} CH_3CH_2OCH_2CH_3 + H_2O$$

所以要得到较纯的乙酸乙酯，就必须除掉粗产品中含有的乙醇、乙酸和乙醚。

四、仪器和试剂

125 mL 三口烧瓶、直形冷凝管、温度计(150 ℃)、带塞锥形瓶、蒸馏头、尾接管、50 mL 蒸馏烧瓶、50 mL 滴液漏斗、250 mL 分液漏斗、50 mL 长颈漏斗、50 mL 量筒、酒精灯、pH 试纸、折叠滤纸、搅拌棒、石棉网、气流干燥器。

95％乙醇、冰醋酸、浓硫酸(密度 1.84 g·mL⁻¹)、饱和碳酸钠溶液、饱和氯化钠溶液、饱和氯化钙溶液、无水硫酸镁。

五、实验内容

1. 粗乙酸乙酯的制备

在 100 mL 三口烧瓶中加入 8 mL 无水乙醇，边振荡边缓慢加入 5 mL 浓硫酸[1]，混合均匀后，加几粒沸石。三口烧瓶左口配一支 150 ℃ 的温度计，右口接冷凝管，中口配上滴液漏斗。注意温度计水银球与滴液漏斗下端都要插到液面以下，按照如图 4-1 所示的装置进行组装。

图 4-1　乙酸乙酯的制备装置

量取 12 mL 冰醋酸和 12 mL 无水乙醇混合均匀后加入滴液漏斗中。接通冷凝水后，小火加热反应瓶，当温度达到 110 ℃～120 ℃[2]后，从滴液漏斗中慢慢滴入混合液，控制滴加速度与馏出速度大致相等（滴加速度不能太快），并维持温度在 110 ℃～120 ℃。

滴加完毕后，继续加热几分钟，使生成的酯尽量蒸出。接液瓶里液体即为制备的粗乙酸乙酯。

2. 乙酸乙酯的精制

（1）除乙酸　将馏出液在搅拌的同时慢慢加入饱和碳酸钠溶液[3]，直至不再有二氧化碳气体产生或酯层不显酸性（可用 pH 试纸检验）为止。

（2）除水分　将混合液转移至分液漏斗中，充分振荡（注意放气）、充分静置后分去下层水溶液。

（3）除碳酸钠　漏斗中的酯层先用 10 mL 饱和食盐水洗涤[4]，静置分层，放出下层溶液。

（4）除乙醇　用 20 mL 饱和氯化钙溶液分两次洗涤酯层。充分振荡后，静置分层，放出下层液。酯层自漏斗上口倒入一干燥的带塞锥形瓶中，加入 2 g～3 g 无水硫酸镁[5]。不断振荡，待酯层清亮（约 15 min）后，用折叠滤纸在长颈漏斗中将其滤入干燥的蒸馏烧瓶中。

（5）除乙醚　在蒸馏烧瓶中加入几粒沸石，在水浴上蒸馏。将 35 ℃～40 ℃的馏分（乙醚）倒入指定的容器，收集 73 ℃～78 ℃的馏分即为乙酸乙酯，称重，计算产率[6]。

六、注释

[1] 硫酸的用量为醇用量的 3% 时即能起催化作用。当用量较多时，它又能起脱水作用而增加酯的产率。但过多时，高温时的氧化作用对反应不利。

[2] 当采用油浴加热时，油浴的温度约在 135 ℃。也可改为小火直接加热。但反应液的温度必须控制在 120 ℃以下，否则副产物乙醚会增多。

[3] 在馏出液中除了醋酸和水外，还含有未反应的少量的乙醇和乙酸。也还有副产物乙醚，故必须用碱来除去其中的酸，并用饱和氯化钙溶液来除去未反应的醇，否则将会影响到酯的产率。

[4] 当酯层用碳酸钠洗过后，若紧接着就用氯化钙溶液洗涤，有可能产生絮状的碳酸钙沉淀，使进一步分离变得困难，故在这两步操作之间必须水洗以除去碳酸钠。由于乙酸乙酯在水中有一定的溶解度，为了尽可能减少由此而造成的损失，实际实验中采用饱和食盐水来进行水洗。

[5] 乙酸乙酯与水或乙醇可分别生成共沸混合物，若三者共存则生成三元共沸混合物。因此，酯层中的乙醇不除净或干燥不够时，会形成低沸点的共沸混合物，从而影响到

酯的产率。

　　[6] 产率的计算公式：

$$反应产率 = \frac{实际产量}{理论产量} \times 100\%$$

七、思考题

　　1. 酯化反应有什么特点？在实验中如何创造条件促使酯化反应尽量向生成物方向进行？

　　2. 在本实验中若采用醋酸过量的做法是否合适？为什么？

　　3. 滴加醇、酸混合液的速度为什么不能太快？

　　4. 为什么不用水代替饱和氯化钠溶液和饱和氯化钙溶液来洗涤？

　　5. 蒸馏出来的粗产品里有哪些杂质？应该怎样除掉？

实验二十四　无水乙醇的制备

核心知识:无水乙醇的制备原理与方法;产率的计算及其影响因素

核心能力:独立进行无水乙醇制备操作的能力;选择合适分子筛的能力;产品后处理及分析能力;防范并处理火灾、有毒有机物安全事故的能力

一、实验目的

1. 了解制备无水乙醇的方法。
2. 掌握用分子筛技术制备无水乙醇的原理和基本操作。

二、预习要求

了解 3A 型分子筛的性质及使用注意事项;回顾球形干燥器及干燥剂的使用知识;思考可以从哪些方面来提高无水乙醇的回收率;思考本实验中如何防止火灾、烫伤等实验事故的发生。

三、实验原理

工业上得到的乙醇中含水,可以通过蒸馏除去,但当乙醇的浓度达到 95.5% 以上,就无法进一步分离了。因为二者形成了共沸物(沸点 78.1℃),在进一步的蒸馏中,二者始终以这个比例蒸出。如果要进一步提高乙醇纯度,只能靠其他方法。

有机实验室中,制备无水乙醇可用的方法有阳离子交换树脂法、氧化钙法和分子筛法。但是阳离子交换树脂法(尤其是阳离子交换树脂的预处理)操作较复杂,氧化钙法费时,且制备的无水乙醇含水量较大,而分子筛法则恰恰相反,不仅操作简单,而且干燥彻底,所以应用广泛。

分子筛是一类具有快速、高效、选择性吸附能力的结晶体,可分为 A,X,Y 三大类。常用的 A 类可以分为 3A,4A,5A 型。3A 型分子筛是一种钠钾型的硅铝酸盐,其主要成分是 $K_9Na_3[(AlO_2)_{12}(SiO_2)_{12}] \cdot 27H_2O$,具有许多与外部相通的均一小孔,其孔径一般就代表其型号,如 3A 型分子筛的孔径就是 0.3 nm(即 3 埃,1 nm = 10 Å),所以它只吸附直径小于 0.3 nm 的分子(如 H_2O 和 O_2 等),而直径大于 0.3 nm 的分子(如烃类、NH_3)则被排斥在小孔外。它广泛应用于石油裂解气,如乙烯、丙烯、丁二烯、乙炔及天然气的深度干燥,也可用于极性溶剂(如乙醇)、液化石油气等的干燥。

分子筛制备无水乙醇就是让分子筛吸附乙醇中的水,利用分子筛的强吸附性来达到乙醇无水的目的。干燥后的乙醇中含水量一般小于 $10\,\mu g \cdot mL^{-1}$。

吸水后的分子筛,可在提高温度的情况下吹扫或抽空而再生重新使用,再生温度一般为 150℃～300℃。储存时要注意不宜直接暴露于空气中,相对湿度不大于 90%,避免与水、酸、碱的直接接触。

四、仪器和试剂

铁架台、水浴锅、色谱柱(长 30 cm,内径 1.5 cm)、软木塞、球形干燥器、量筒、蒸馏烧

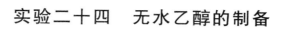

第四部分　有机化合物合成实验

109

瓶、蒸馏头、温度计、冷凝管、真空尾接管、橡皮管、恒温干燥箱等。

3A 型分子筛、95％乙醇、碱石灰。

五、实验内容

1. 分子筛的准备及装填

新的分子筛在使用之前必须在 150 ℃～300 ℃的恒温干燥箱中干燥 1 h～2 h,以进行活化脱水。色谱柱(一般选用长 30 cm,内径 1.5 cm 左右的即可)旋开下端活塞后,带塞一起放在适当温度的干燥箱中干燥。色谱柱取出后,先旋紧活塞,将 3A 型分子筛从恒温干燥箱取出,小心地加入到干燥的色谱柱中。填料过程中可以轻轻敲打色谱柱,使分子筛填装均匀紧密,其高度一般为色谱柱高度的四分之三即可。

2. 加料

分子筛装填完毕后,迅速将 20 mL 95％乙醇从上端口加入到色谱柱中。盖上带球形干燥器的塞子后,固定在铁架台上,装配成如图 4-2 所示的实验装置。静置干燥。

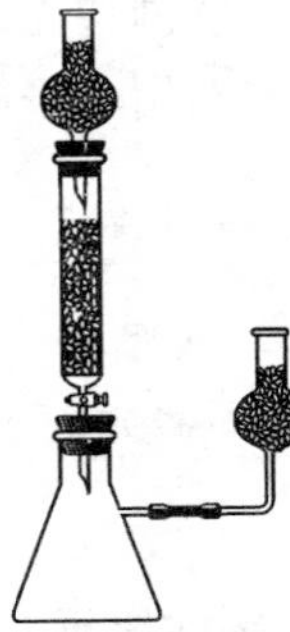

3. 蒸馏

静置 1 h 后,用量筒换掉下端的抽滤瓶,打开活塞放出约 3 mL 乙醇弃去。再将色谱柱中剩余的乙醇全部放入干燥的蒸馏烧瓶中,装配成蒸馏装置,用真空尾接管连接干燥的接液瓶,尾接管的支管处连一球形干燥器,如图 4-3 所示。水浴加热蒸馏,除去前馏分后接收 78.5 ℃时的馏分,蒸馏至几乎没有液滴出现为止。

图 4-2　无水乙醇制备装置

图 4-3　蒸馏接液部分

4. 数据处理

量取馏分体积,再加上弃去的乙醇体积即为乙醇回收总量,计算回收率。

5. 含水量的定性测定

取 1 mL 左右刚制备的无水乙醇置于干燥的试管中,立即加入少量的无水硫酸铜粉末,若变蓝色则说明还含有水分。无水乙醇密封保存。

六、思考题

1. 3A 型分子筛有哪些特点和用途?

2. 可以从哪些方面来提高无水乙醇的回收率?

实验二十五　乙醚的制备

核心知识：乙醚的制备原理与方法；产率的计算及其影响因素

核心能力：独立进行乙醚制备操作的能力；产品后处理及分析能力；防范并处理强酸、强碱、有毒有机物安全事故的能力

一、实验目的

1. 掌握实验室制备乙醚的原理和方法。
2. 初步掌握低沸易燃液体蒸馏的操作要点。

二、预习要求

了解乙醚、乙醇的物理化学性质及特性；思考从哪几个方面来提高产物乙醚的产率，减少副产物的发生；思考在本实验中如何防止有机物中毒、火灾等实验事故的发生。

三、实验原理

大多数有机化合物在醚中都有良好的溶解性，有些有机反应必须在醚中进行（例如格林试剂的反应），因此，醚是有机合成中常用的溶剂。

将乙醇与浓硫酸混合加热时可发生分子间脱水生成乙醚，制备乙醚的反应式如下：

$$CH_3CH_2OH + H_2SO_4 \underset{}{\overset{100\,℃\sim130\,℃}{\rightleftharpoons}} CH_3CH_2OSO_2OH + H_2O$$

$$CH_3CH_2OSO_2OH + CH_3CH_2OH \overset{135\,℃\sim145\,℃}{\rightleftharpoons} CH_3CH_2OCH_2CH_3 + H_2SO_4$$

总反应：

$$2CH_3CH_2OH \underset{H_2SO_4}{\overset{140\,℃}{\rightleftharpoons}} CH_3CH_2OCH_2CH_3 + H_2O$$

副反应：

$$CH_3CH_2OH \underset{170\,℃}{\overset{H_2SO_4}{\longrightarrow}} H_2C{=\!=}CH_2 + H_2O$$

$$CH_2CH_2OH \underset{[O]}{\overset{H_2SO_4}{\longrightarrow}} CH_3CHO + SO_2\uparrow + H_2O$$

$$CH_3CH_2OH \overset{H_2SO_4}{\longrightarrow} CH_3COOH + SO_2\uparrow + H_2O$$

$$SO_2 + H_2O \longrightarrow H_2SO_3$$

四、仪器和试剂

125 mL 三口烧瓶、沸石、温度计、滴液漏斗、蒸馏弯管、50 mL 蒸馏烧瓶、冷凝管、橡皮管、接液瓶等。

饱和氯化钠溶液、饱和氯化钙溶液、无水氯化钙、95％乙醇、浓硫酸、5％氢氧化钠溶液。

五、实验内容

1. 乙醚的制备

按图 4-4 所示安装好实验仪器[1]。然后在干燥的 125 mL 三口烧瓶中加入10 mL 95％乙醇,在冷水浴冷却下,边摇边慢慢加入 10 mL 浓硫酸,使之混合均匀,并加入几粒沸石,在三口烧瓶的左口装温度计,中口装一个 50 mL 滴液漏斗,滴液漏斗的末端及温度计的水银球应浸入液面以下,距瓶底 5 mm~10 mm 处;右口装一个蒸馏弯管,并依次与冷凝管、接液管以及一个用作接液的蒸馏烧瓶相连,蒸馏烧瓶应浸入冰水浴中冷却,接液管的支管应接上橡皮管通到下水道或室外。

图 4-4 乙醚的制备装置

在滴液漏斗中放置 20 mL 95％乙醇,接通冷凝水后将三口烧瓶用电热套加热,使反应温度较快地上升至 140 ℃,然后开始由滴液漏斗慢慢滴入 95％ 乙醇,控制滴入速度和馏出速度大致相等[2](约每秒 1 滴),并维持反应温度在135 ℃~145 ℃[3]。待乙醇加毕后,继续加热 10 min,直到温度上升至 160 ℃为止,去掉热源[4],停止加热。

2. 乙醚的精制

将烧瓶(接液瓶)中的馏出液小心地转移到一个 100 mL 分液漏斗中,依次用8 mL 5％氢氧化钠溶液、8 mL 饱和氯化钠溶液洗涤[5],最后每次用 8 mL 饱和氯化钙溶液洗涤两次。

分出乙醚层,将它倒入一干燥三角烧瓶中并加入无水氯化钙干燥剂,塞紧瓶塞,在冰水浴中振荡并静止片刻,当瓶内乙醚较为澄清后,将它小心转入容量为50 mL 的蒸馏烧瓶中(不要将干燥剂掉入蒸馏烧瓶内),加入沸石,按图 4-5 所示安装好易燃液体的蒸馏装置,放在预热过的热水浴上(约 60 ℃)加热,蒸馏,收集33 ℃~38 ℃的馏分即为乙醚。

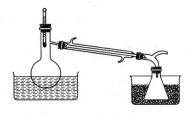

图 4-5 乙醚的蒸馏装置

六、注释

［1］仪器装置及所有的连接处必须严密不漏气,这是因为乙醚很容易挥发且易燃烧,含有一定比例的乙醚蒸气的空气遇火即会发生爆炸。

［2］若滴加的速度明显超过馏出速度,不仅乙醇还没来得及参与反应就已经被蒸馏出,而且还会使反应液的温度骤降,从而减少乙醚的生成。

〔3〕将反应温度保持在 140 ℃左右才能保证副反应被抑制到最小。

〔4〕使用或精制乙醚的实验台附近应该严禁火种,所以当制备实验完毕后,拆下作为接收器的蒸馏烧瓶之前必须先灭火。同样,在精制乙醚时的热水浴必须在别处预先热好热水(或用恒温水浴锅),使其达到所需温度,而绝不能一边用明火加热一边蒸馏。

〔5〕氢氧化钠洗后,常会使醚层碱性太强,接下来直接用氯化钙溶液洗涤时,将会有氢氧化钙沉淀析出。为减少乙醚在水中的溶解度,以及洗去残留的碱,在用氯化钙洗涤以前应先用饱和氯化钠溶液洗涤。另外氯化钙和乙醇能形成复合物 $CaCl_2 \cdot 4CH_3CH_2OH$,因此未作用的乙醇也可以被除掉。

七、思考题

1. 简要说明在制备乙醚时应该注意哪些问题。
2. 在实验过程中,温度过高或过低对反应有什么影响?
3. 简述如何精制乙醚。

第四部分　有机化合物合成实验

实验二十六　甲基橙的制备

核心知识：甲基橙的制备原理与方法；产率的计算及其影响因素；甲基橙的显色原理

核心能力：独立进行甲基橙制备操作的能力；产品后处理及分析能力；防范并处理强酸、强碱、有毒有机物安全事故的能力

一、实验目的

1. 通过甲基橙的制备学习重氮化反应和偶合反应的实验操作。
2. 巩固盐析及重结晶的原理和操作。

二、预习要求

了解甲基橙（酸碱指示剂）的变色范围；理解甲基橙显示酸色和碱色的原理；如何提高甲基橙的产率；思考本实验中如何防止中毒、火灾等实验事故的发生。

三、实验原理

甲基橙是一种指示剂，它是由对氨基苯磺酸重氮酸盐与 N,N-二甲基苯胺的醋酸盐，在弱酸性介质中耦合得到的。耦合首先得到的是嫩红色的酸式甲基橙，称为酸性黄，在碱中酸性黄转变为橙黄色的钠盐，即甲基橙。

$$HO_3S\!\!-\!\!\bigcirc\!\!-\!\!NH_2 + NaOH \longrightarrow NaO_3S\!\!-\!\!\bigcirc\!\!-\!\!NH_2 + H_2O$$

$$NaO_3S\!\!-\!\!\bigcirc\!\!-\!\!NH_2 \xrightarrow[\text{HCl}]{\text{NaNO}_2} [HO_3S\!\!-\!\!\bigcirc\!\!-\!\!\overset{+}{N}\!\!=\!\!N]Cl^- \xrightarrow[\text{HAc}]{\text{C}_6\text{H}_5\text{N}(\text{CH}_3)_2}$$

$$[HO_3S\!\!-\!\!\bigcirc\!\!-\!\!N\!\!=\!\!N\!\!-\!\!\bigcirc\!\!-\!\!\underset{H}{N(CH_3)_2}]^+Ac^- \xrightarrow{\text{NaOH}}$$

酸式甲基橙（嫩红色）

$$NaO_3S\!\!-\!\!\bigcirc\!\!-\!\!N\!\!=\!\!N\!\!-\!\!\bigcirc\!\!-\!\!N(CH_3)_2 + NaOAc + H_2O$$

甲基橙（橙黄色）

四、仪器和试剂

100 mL 烧杯、烧瓶、水浴锅、玻璃棒、酒精灯、石棉网等。

对氨基苯磺酸钠、5%氢氧化钠、亚硝酸钠、浓盐酸、对氨基苯磺酸重氮盐、N,N-二甲基苯胺、冰醋酸、氯化钠、饱和氯化钠水溶液、稀盐酸。

五、实验内容

1. 对氨基苯磺酸重氮盐的制备

在 100 mL 烧杯中，放入 2 g 对氨基苯磺酸钠晶体，加 10 mL 5%氢氧化钠溶液，在热水浴中温热使之溶解[1]，冷至室温后，另将 0.8 g 亚硝酸钠溶于 6 mL 水中，在搅拌下将

10 mL 冰冷的水和 2.5 mL 浓盐酸[2]配成溶液缓缓地滴加到上述的混合物溶液中,使温度保持在 5 ℃以下[3],很快就有对氨基苯磺酸重氮盐的细粒状白色沉淀。为了保证反应的完全,继续在冰浴中放置 15 min。

  2. 耦合

  在一支试管中加入 1.2 mL N,N-二甲基苯胺和 1 mL 冰醋酸,充分振荡使之混合均匀。在搅拌下将此溶液慢慢加到上述冷却的对氨基苯磺酸重氮盐悬浊液中,加完后,继续搅拌 10 min,此时有红色的酸性黄色沉淀。然后在搅拌下,慢慢加入 15 mL 10%氢氧化钠溶液,反应物变为橙色,粗制的甲基橙呈细粒状沉淀析出。

  将反应物加热至沸腾 10 min～15 min,使粗制的甲基橙溶解后,加入 5 g 氯化钠,不断搅拌下,继续加热至氯化钠全部溶解。稍冷,置于冰浴中冷却,待甲基橙全部重新结晶析出后,过滤收集晶体。用饱和氯化钠水溶液冲洗烧杯两次,每次用 10 mL,并用这些冲洗液洗涤产品[4]。

  若要得到较纯的产品,可将滤饼连同滤纸移到装有 75 mL 热水的烧瓶中,微热并且不断搅拌。滤饼几乎全都溶解后,取出滤纸,让溶液冷至室温,然后在冰浴中冷却。甲基橙全部结晶析出后,抽滤。依次用少量乙醇、乙醚洗涤产品(目的是使产品迅速干燥)。产品经干燥后,称重,得产品 2.3 g～2.5 g。

六、注释

  [1] 对氨基苯磺酸是一种两性有机化合物,酸性强于碱性,以内盐形式存在,可与碱作用成盐,难与酸作用所以不溶于酸。但重氮化反应又要在酸性溶液中完成,故应先将对氨基苯磺酸与碱作用,变成水溶性较大的对氨基苯磺酸钠。

  [2] 溶液酸化时生成亚硝酸盐,同时对氨基苯磺酸钠亦变成对氨基苯磺酸,从溶液中以细粒状沉淀析出,并立即与亚硝酸作用,发生重氮化反应,生成粉末状的重氮盐。为了使对氨基苯磺酸完全重氮化,反应过程中必须不断搅拌。

  [3] 重氮反应过程中,控制温度很重要。若反应温度高于 5 ℃,则生成的重氮盐易水解成酚类,降低了产率。

  [4] 初产品呈碱性,温度稍高时易变质,颜色变深。湿的甲基橙受日光照射亦会使颜色变深,通常可在 65 ℃～75 ℃烘干。

  [5] 偶合反应结束后反应液呈弱碱性,若呈中性,则继续加入少量碱液恰呈碱性,因强碱性又易产生树脂状聚合物而得不到所需产物。

七、思考题

  1. 从哪些方面可以提高甲基橙的产率?

  2. 何为重氮化反应? 为什么反应要在低温、强酸性条件下进行?

实验二十七　乙酰水杨酸的制备

核心知识：乙酰水杨酸的制备原理与方法；产率的计算及其影响因素

核心能力：独立进行乙酰水杨酸制备操作的能力；产品后处理及分析能力；防范并处理强酸、强碱、有毒有机物安全事故的能力

一、实验目的

1. 认识乙酰化反应，掌握乙酰水杨酸的制备方法。
2. 进一步掌握抽滤、洗涤等基本操作。

二、预习要求

查阅本实验所用试剂的理化性质、特性及使用注意事项；回顾抽滤操作要点及注意事项；思考可以从哪些方面来提高乙酰水杨酸的产率；思考本实验中如何防止有机物中毒、火灾、烫伤等实验事故的发生。

三、实验原理

羧酸酯一般是由羧酸和醇在少量浓硫酸、有机强酸等催化下脱水而制得的：

$$RCOOH + HOR \underset{\triangle}{\overset{\text{浓硫酸}}{\rightleftharpoons}} RCOOR + H_2O$$

和醇类似，酚也可发生乙酰化反应生成酯。但酚的反应比醇难，一般要以乙酸酐、乙酰氯做乙酰化试剂。如由水杨酸制乙酰水杨酸就是以乙酸酐做乙酰化试剂的。

由于水杨酸中的羧基与羟基之间能形成分子内氢键，欲使酚羟基发生酯化反应，反应必须加热到150 ℃～160 ℃。但是此时副反应大为增加，使反应产率降低。如果加入少量的浓硫酸或浓磷酸等来破坏氢键，反应温度可降到 60 ℃～80 ℃，而且副产物也会有所减少。

乙酰水杨酸即阿司匹林，是一种历史悠久的解热镇痛药，如"APC"中的"A"即为乙酰水杨酸（Aspirin），有退热、镇痛、抗风湿、抑制血小板凝固、降低心脏病发病率等作用。

四、仪器和试剂

铁架台、锥形瓶、布氏漏斗、烧杯、抽滤瓶、水浴锅、酒精灯、水泵、滤纸等。

水杨酸、乙酸酐、浓硫酸（或 85％磷酸）、饱和碳酸氢钠溶液、浓盐酸、冰。

五、实验步骤

1. 粗乙酰水杨酸的制备

称取 6.3 g（0.045 mol）干燥的水杨酸置于 50 mL 锥形瓶中，量取 9 mL（0.09 mol）乙酸酐[1]也加入到锥形瓶中。然后边振荡边滴加 10 滴浓硫酸。在水浴上加热，水杨酸立即溶解，保持瓶内温度在 70 ℃ 左右[2]，维持 20 min，并时加振摇。取出锥形瓶，立即加入 20 mL 冰水，使过量的乙酸酐发生水解[3]。水解完毕后，加入 100 mL 冷水，将锥形瓶置于冰水浴中静置（约 15 min），冷却结晶。当有晶体析出时，再加入 30 mL 冷水，让其在冰水浴中充分冷却至晶体全部析出。抽滤，得乙酰水杨酸粗产品，用冰水洗涤两次，烘干得乙酰水杨酸，重约 7.6 g（产率约 92.5%）。

2. 乙酰水杨酸的精制

（1）除高分子杂质　将上述粗产品置于 150 mL 烧杯中，边搅拌边加入 25 mL 饱和碳酸氢钠溶液，加完后继续搅拌至无二氧化碳气体产生为止。用布氏漏斗过滤，再用 5 mL～10 mL 水洗涤漏斗。滤液即为不含高分子杂质的乙酰水杨酸钠盐溶液。

（2）酸化与结晶　在 150 mL 烧杯中加入 3 mL～5 mL 浓盐酸和 10 mL 水[4]，搅拌均匀后加入乙酰水杨酸钠盐溶液，充分搅拌，置于冰水浴中冷却结晶。待晶体完全析出后，抽滤，用玻璃塞挤压晶体，尽量抽去母液。再用冷水洗涤晶体 2～3 次，抽滤，将晶体转移到表面皿中，干燥，称重，计算产率。

六、注释

[1] 水杨酸应当干燥，乙酸酐应当是新蒸的，收集 139 ℃～140 ℃ 的馏分。

[2] 反应温度不宜过高，否则将增加副产物的生成，如生成水杨酰水杨酸酯、乙酰水杨酰水杨酸酯：

[3] 乙酸酐水解放热，可能使瓶内液体沸腾，蒸气外逸，所以加水时面部不得正对瓶口，以免发生意外。

[4] 也可以用稀乙酸（1∶1）或苯、汽油（40 ℃～60 ℃）重结晶。重结晶时，其溶液不应加热过久，也不宜用高沸点溶剂，因为加热过久，乙酰水杨酸将部分分解。

七、思考题

1. 本实验中锥形瓶为什么必须是干燥的？在此反应中为什么要加入浓硫酸？

2. 在阿司匹林制备中，可能会产生哪些杂质？应该如何除去？

3. 本实验中为什么用乙酸酐而不用乙酸？

实验二十八　十二烷基硫酸钠的合成及应用

核心知识：十二烷基硫酸钠的合成方法；十二烷基硫酸钠的应用

核心能力：独立进行十二烷基硫酸钠制备操作的能力；产品应用能力；防范并处理强酸、强氧化物、有毒有机物安全事故的能力

一、实验目的

1. 了解表面活性剂的用途与分类。
2. 掌握十二烷基硫酸钠的合成原理及方法。
3. 学习氯磺酸对高级醇的硫酸化作用原理和实验方法。

二、预习要求

了解日常生活中常用的表面活性剂产品有哪些；查阅本实验所用试剂的理化性质及使用注意事项；思考本实验中如何提高产品产率；思考如何防止有机物中毒、火灾等实验事故的发生。

三、实验原理

表面活性剂是精细化工的重要产品，素有"工业味精"之称，它具有固定的亲水亲油基团，在溶液表面能定向排列。它的品种繁多，作用广，通过降低溶液体系的表面张力，改变体系的界面状态，从而产生润湿、乳化、分散、增溶、起泡、渗透、洗涤、抗静电、润滑、杀菌、医疗等一系列作用，以满足工业、农业、卫生、科技等部门的需要。表面活性剂的应用可起到改进生产工艺、降低消耗、增加产量、提高品质和附加值等作用。

表面活性剂可分为阴离子表面活性剂，如高级脂肪酸盐、烷基苯磺酸盐、硫酸酯盐等；阳离子表面活性剂，如胺盐型、季铵盐型等；两性离子表面活性剂，如氨基酸型、咪唑啉型等；非离子表面活性剂，如长链脂肪醇聚氧乙烯醚、烷基酚聚氧乙烯醚、烷醇酰胺等；特殊类型表面活性剂，如氟表面活性剂、硅表面活性剂等。

十二烷基硫酸钠的合成反应式为：

$$CH_3(CH_2)_{10}CH_2OH + ClSO_3H \longrightarrow CH_3(CH_2)_{10}CH_2OSO_3H + HCl$$
$$2CH_3(CH_2)_{10}CH_2OSO_3H + Na_2CO_3 \longrightarrow 2CH_3(CH_2)_{10}CH_2OSO_3Na + H_2O + CO_2 \uparrow$$

四、仪器和试剂

搅拌器、温度计、滴液漏斗、气体吸收装置、三口烧瓶、冷凝管、水浴、Y形蒸馏头、酒精灯、铁架台等。

氯磺酸、月桂醇、双氧水、30%碳酸钠。

五、实验步骤

在装有搅拌器、温度计、滴液漏斗和气体吸收装置的250 mL三口烧瓶（如图4-6所示）中，加入23.3 g月桂醇(0.125 mol)，室温下慢慢滴加16 g氯磺酸(0.125 mol)[1]，约15 min

滴完,此时瓶内有固体析出。升温到 40 ℃～50 ℃,变为浅棕色溶液,在此温度下继续搅拌1 h,冷却至室温,慢慢滴加 30%碳酸钠溶液,温度上升,产物越来越黏稠,当 pH＝7 时,为半固态黄色产物。然后缓慢滴加 12 mL 30% 双氧水[2],搅拌 20 min,得浅白色黏稠的十二烷基硫酸钠。在约 90 ℃的温度下挥发溶剂并干燥,称重,计算产率。

引入水槽

图 4-6　实验装置

六、注释

[1] 由于氯磺酸的强烈挥发性,称料应在通风橱中进行,并装入恒压漏斗中滴加。滴加速度要慢,否则由于产生大量的气泡容易引起冲料。

[2] 滴加双氧水也易引起冲料,应小心进行。

七、思考题

1. 十二烷基硫酸钠属于何种类型的表面活性剂?
2. 加入 30% 碳酸钠溶液中和后,为何还要加入双氧水?

八、应用实例

洗洁精的配制

各种洗涤剂在人们的日常生活中得到了广泛的应用,下述配方具有良好的洗涤效果。

十二烷基硫酸钠(自制)	3%	苯甲酸,香精	适量
6501(又叫尼纳尔,非离子表面活性剂)	5%	食盐	约1.5%
AES(又叫脂肪醇聚氧乙烯醚硫酸钠,属于阴离子表面活性剂)	6%	水(最好用去离子水)	余量
十二烷基苯磺酸钠	4%		

将上述原料(香精、食盐除外)加入烧杯中,加热到 80 ℃～90 ℃,不断搅拌,变为微黄色透明液体。冷却至 40 ℃～45 ℃时,加入适量香精,室温时加入食盐增稠,控制 pH 值在 7～8 之间。然后用 NDJ-79 型旋转式黏度计测定其黏度。此洗涤剂泡沫适中,具有良好的去污性能。

实验二十九　乙酰苯胺的制备

核心知识：乙酰苯胺的制备原理与方法；产率的计算及其影响因素

核心能力：独立进行乙酰苯胺制备操作的能力；产品后处理及分析能力；防范并处理强酸、强碱、有毒有机物安全事故的能力

一、实验目的

1. 掌握苯胺乙酰化反应的原理和实验操作。
2. 掌握易氧化基团的保护方法。
3. 巩固固体有机物提纯的方法——重结晶。

二、预习要求

了解冰醋酸的物理常数；思考本实验是如何提高乙酰苯胺的产率的；复习重结晶的操作步骤。

三、实验原理

苯胺与乙酸在加热条件下可以发生反应生成乙酰苯胺。反应式如下：

$$PhNH_2 + CH_3COOH \longrightarrow PhNHCOCH_3 + H_2O$$

芳胺可用酰氯、酸酐或冰醋酸加热来进行酰化反应。使用冰醋酸试剂易得，价格便宜，但需要较长的反应时间，适合于规模较大的制备。虽然乙酸酐一般来说是比酰氯更好的酰化试剂，但是当用游离胺与纯乙酸酐进行酰化时，常伴有二乙酰胺$[ArN(COCH_3)_2]$副产物的生成。所以，本实验中仍然采用乙酸作为酰基化试剂。

乙酰化反应常被用来保护伯胺和仲胺官能团，以降低芳胺对氧化性试剂的敏感性。酰基基团可在酸或碱的催化下脱除。

四、仪器和试剂

烧杯、量筒、抽滤瓶、布氏漏斗、抽滤泵、搅拌棒、滤纸、烧瓶、刺形分馏柱、锥形瓶、温度计、蒸馏头、冷凝管等。

苯胺、冰醋酸、锌粉、活性炭。

五、实验内容

用 50 mL 圆底烧瓶装配成简单分馏装置，在柱顶安装一温度计，如图 4-7 所示。向圆底烧瓶中加入 10 mL 苯胺[1]、15 mL 冰醋酸和少量锌粉[2]，摇匀。使用电热套加热，保持反应液微沸约 15 min，逐渐升温，维持反应温度在 100 ℃～110 ℃约 40 min，蒸出大部分水和剩余的冰醋酸。当温度出现下降时，可认为反应结束。

在搅拌下趁热[3]将反应物以细流倒入 200 mL 的冰水中[4]，边倒边不断搅拌，冷却后抽滤析出的固体，并用少量冷水洗涤，粗产品用水重结晶，得到白色片状晶体，抽滤、烘干后称重，计算产率。

图 4-7　分馏装置

六、注释

[1] 久置的苯胺色深,有杂质,会影响产物乙酰苯胺的质量,故最好用新蒸的苯胺。

[2] 锌粉的作用是防止苯胺在反应的过程中被氧化,生成有色的杂质。但不宜加得过多,因为锌被氧化生成的氢氧化锌为絮状物质,会吸收一定量的产品。

[3] 反应物冷却后,固体产物立即析出,沾在瓶壁上不宜处理,故须在搅拌下趁热倒入冰水中。

[4] 冷水的量不能过多,因为乙酸苯胺在水中有一定的溶解度,100 ℃时溶解度为5.5 g,0 ℃时溶解度为 0.53 g。

[5] 冰醋酸有强烈刺激性,要在通风橱内取用。

七、思考题

1. 本反应中为什么要控制分馏柱上端的温度在 100 ℃～110 ℃?温度过高对实验结果有何影响?

2. 当苯胺用乙酸乙酰化时,为什么用过量酸,并将反应生成的水蒸出?

实验三十　溴乙烷的制备

核心知识：溴乙烷的制备原理与方法；产率的计算及其影响因素

核心能力：独立进行溴乙烷制备与操作的能力；产品后处理及分析能力；防范并处理强酸、强碱、有毒有机物安全事故的能力

一、实验目的

1. 了解以溴化钠、浓硫酸和乙醇制备溴乙烷的原理和方法。

2. 进一步掌握低沸点蒸馏的基本操作和分液漏斗的使用方法以及液态有机物的洗涤、干燥等基本操作技能。

二、预习要求

了解溴乙烷、浓硫酸和乙醇的理化性质；思考液态有机物的洗涤除杂时要注意哪些问题；思考本实验中如何防止浓硫酸烧伤、中毒等实验事故的发生。

三、实验原理

溴化钠晶体与浓硫酸作用可以制备溴化氢：

$$NaBr + H_2SO_4 \longrightarrow HBr + NaHSO_4$$

溴化氢与乙醇在微热的条件下发生取代反应可得溴乙烷：

$$CH_3CH_2OH + HBr \longrightarrow CH_3CH_2Br + H_2O$$

制备过程中可能发生以下反应：

$$2CH_3CH_2OH \longrightarrow CH_3CH_2OCH_2CH_3 + H_2O$$

$$CH_3CH_2OH \longrightarrow CH_2{=\!=}CH_2 + H_2O$$

所以要得到较纯的溴乙烷，就必须除掉粗产品中含有的乙醇、乙醚、乙烯。

四、仪器和试剂

100 mL 圆底烧瓶、直形冷凝管、温度计（100 ℃）、带塞锥形瓶、蒸馏头、接引管、50 mL 蒸馏烧瓶、250 mL 分液漏斗、50 mL 量筒、电热套、石棉网、气流干燥器等。

95％乙醇、溴化钠晶体、浓硫酸（密度 1.84 g·cm^{-1}）、沸石、饱和亚硫酸氢钠溶液。

五、实验内容

1. 粗溴乙烷的制备

在 100 mL 圆底烧瓶中加入 10 mL 95％乙醇及 9 mL 水，在不断振荡和冷却下，缓慢加入浓硫酸 19 mL，混合均匀后冷却到室温。边搅拌边缓慢加入研细的 15 g 溴化钠，稍加振摇混合后，再加入几粒沸石，小心摇动烧瓶使其混合均匀后装成蒸馏装置[1]。冷凝管下端连接接引管，并使接引管的末端刚浸没在水溶液中[2]。

开始小火加热，使反应液微微沸腾[3]，控制加热速度，使反应平稳进行。此时，反应混合液中开始有大量气体出现，固体逐渐减少。当固体全部消失时，反应液变得黏稠，随后变成透明液体,表明此时已接近反应终点。可用盛有水的烧杯检查有无溴乙烷流出,若无溴乙烷流出,停止反应。

2. 溴乙烷的精制

(1)除醇、醚、烯 将接液瓶中的液体倒入分液漏斗,静置分层后,将下层的粗溴乙烷转移至干燥的锥形瓶中。在冰水冷却下,小心加入 1 mL～2 mL 浓硫酸,边加边摇动锥形瓶进行冷却。静置分层后,用干燥的分液漏斗分出下层浓硫酸。

(2)蒸馏 将上层溴乙烷从分液漏斗上口倒入 50 mL 烧瓶中,加入几粒沸石进行蒸馏。由于溴乙烷沸点很低,接液瓶要在冰水中冷却。接受 37 ℃～40 ℃ 的馏分,称重,产量约 10 g(产率约 54%)。

六、注释

[1] 如果在加热之前,反应混合物混合不均匀,反应时极易出现暴沸而使反应失败。

[2] 溴乙烷沸点很低,极易挥发。为了避免损失,可在接液瓶中加入冷水及 5 mL 饱和亚硫酸氢钠溶液,并放在冰水浴中冷却。

[3] 开始反应时,要小火加热,以避免溴化氢逸出。

七、思考题

1. 溴乙烷沸点(38.4 ℃)较低,本实验中采取了哪些措施减少溴乙烷的损失?

2. 溴乙烷的精制过程中,浓 H_2SO_4 洗涤有哪些作用?

实验三十一　环己酮的制备

核心知识:环己酮的制备原理与方法;产率的计算及其影响因素

核心能力:独立进行环己酮制备操作的能力;产品后处理及分析能力;防范并处理强酸、强碱、有毒有机物安全事故的能力

一、实验目的

1. 学习有机氧化还原反应及其在实际中的应用。

2. 学习反应温度以及反应速度的控制方法。

3. 进一步掌握蒸馏操作、分液漏斗的使用以及液态有机物的洗涤、干燥等基本操作技能。

二、预习要求

了解环己醇、环己酮的理化性质;思考液态有机物的洗涤除杂时要注意哪些问题;思考本实验中如何防止烧伤、火灾等实验事故的发生。

三、实验原理

醇的氧化是制备醛、酮的重要方法之一。环己醇在中等强度氧化剂(例如酸性重铬酸钾)存在下,加热时会发生氧化反应生成环己酮。

$$\text{环己醇} + Na_2Cr_2O_7/H_2SO_4 \longrightarrow \text{环己酮} + Cr(SO_4)_3 + Na_2SO_4 + H_2O$$

仲醇的氧化是制备脂肪酮的主要方法。实验中,必须控制好反应温度,若温度过高,会产生较多的环己烯、己二酸等副产物。

$$\text{环己醇} + Na_2Cr_2O_7/H_2SO_4 \longrightarrow \text{环己烯}$$

$$\text{环己醇} + Na_2Cr_2O_7/H_2SO_4 \longrightarrow HOOCCH_2CH_2CH_2CH_2COOH$$

所以要得到较纯的环己酮,就必须对粗产品提纯。

四、仪器和试剂

125 mL 三口烧瓶、直形冷凝管、温度计(100 ℃)、带塞锥形瓶、蒸馏头、接引管、50 mL 蒸馏烧瓶、50 mL 滴液漏斗、250 mL 分液漏斗、50 mL 长颈漏斗、50 mL 量筒、水浴装置、气流干燥器等。

环己醇、浓硫酸(密度 1.84 g·mL^{-1})、重铬酸钠溶液[1]、精盐、无水硫酸镁、草酸。

五、实验内容

1. 粗环己酮的制备

在 150 mL 圆底烧瓶中加入 10.5 mL 环己醇,边振荡边加入 20 mL 亚铬酸钠溶液。混合均匀后,装上温度计。此时温度逐渐上升,反应液由橙红色变为墨绿色表明氧化反应已经发生[2]。当温度上升到 55 ℃ 时,立即水浴冷却(防止反应失控),保持反应液温度在 50 ℃～60 ℃。约 20 min 后,当温度自动下降时移去水浴,再放置 20 min 左右。

2. 环己酮的精制

(1)除重铬酸盐 加入少量的草酸约 0.3 g,使反应液完全变成墨绿色,以破坏过量的重铬酸盐。

(2)蒸馏 在烧瓶中加入 60 mL 水,加几粒沸石,装成蒸馏装置[3],将环己酮与水一同蒸出。环己酮与水能形成沸点为 95 ℃ 的共沸混合物,直至馏出液不再混浊后,再多蒸出 15 mL～20 mL[4]。

(3)除水 加精盐约 4 g,搅拌使精盐溶解。将此液体移入分液漏斗中,静置后分出有机层,用无水硫酸镁干燥。蒸馏,收集 150 ℃～156 ℃ 的馏分,称重,计算产率[5]。

六、注释

[1] 秤取 10.5 g 重铬酸钠溶于 600 mL 水,搅拌下加入 9 mL 浓硫酸,混匀,静置即可。

[2] 若氧化反应没有发生,不要再继续滴加氧化剂,过量的氧化剂能使反应过于剧烈而难以控制。

[3] 加水蒸馏实际上是一种简化的水蒸气蒸馏。

[4] 水的流出量不宜过多,否则盐析后,仍不免有少量的环己酮因溶于水而损失掉。30 ℃ 时,环己酮在水中的溶解度为 2.4 g。

[5] 产率的计算公式是:

$$反应产率 = \frac{实际产量}{理论产量} \times 100\%$$

七、思考题

1. 本实验中为什么要加入草酸?

2. 本反应可能有哪些副产物?写出有关反应方程式。

实验三十二　肥皂的制备

核心知识：皂化反应的原理及操作；盐析；抽滤

核心能力：独立进行皂化反应操作的能力；盐析、抽滤的操作；产品成型之后处理的能力；防范并处理安全事故的能力

一、实验目的

1. 掌握肥皂的制备原理和制备方法。
2. 了解肥皂的性质和鉴定方法。
3. 进一步掌握抽滤等实验操作方法。

二、实验原理

油脂在酸或碱存在的条件下，或在酶的作用下，易被水解成甘油与高级脂肪酸。反应方程式如下：

$$\begin{array}{l} CH_2-O-\overset{\overset{O}{\|}}{C}-R \\ CH-O-\overset{\overset{O}{\|}}{C}-R' \\ CH_2-O-\overset{\overset{O}{\|}}{C}-R'' \end{array} +3NaOH \xrightarrow{\Delta} \begin{array}{l} CH_2-OH \\ CH-OH \\ CH_2-OH \end{array} + \begin{array}{l} RCOONa \\ R'COONa \\ R''COONa \end{array}$$

高级脂肪酸的钠盐即为常用肥皂的主要成分。向上述高级脂肪酸的钠盐溶液中加入饱和食盐水后，由于高级脂肪酸钠不溶于盐溶液而被析出，浮于上层，甘油则溶于盐溶液，故可将甘油和高级脂肪酸钠分开。

甘油与硫酸铜的氢氧化钠溶液（或新制的氢氧化铜溶液）反应得蓝色溶液，这一反应可用于甘油的鉴定；而高级脂肪酸钠与无机酸作用则游离出难溶于水的高级脂肪酸，反应方程式如下：

$$RCOONa + HCl \longrightarrow RCOOH + NaCl$$

常用的钠皂溶液遇到钙、镁等离子后，生成不溶于水的高级脂肪酸钙盐（钙皂）、镁盐（镁皂）沉淀而失效。

组成油脂的高级脂肪酸中，除硬脂酸、软脂酸等饱和脂肪酸外，还有油酸、亚油酸等不饱和脂肪酸。不同油脂的不饱和度也不同，其不饱和度可根据它们与溴或碘的加成作用进行定性或定量测定。

三、主要仪器与试剂

仪器：移液管、烧杯、恒温水浴锅、循环水式真空泵、抽滤瓶、烧杯、玻璃棒、电子天平。

试剂：花生油、$7.5\ mol \cdot L^{-1}$氢氧化钠溶液、5%硫酸铜溶液、10%氯化钙溶液、10%硫酸镁（或10%氯化镁）溶液、10%盐酸、饱和食盐水、无水乙醇、沸石。

四、实验内容

1. 肥皂的制备

（1）皂化

取 5 mL 花生油于一小烧杯中，加入 7.5 mL 95％乙醇及 5 mL 7.5 mol·L⁻¹氢氧化钠溶液，振荡均匀后，水浴加热（并时常取出振荡）约 30 min（最后检查皂化是否完全），即得花生油的皂化液，留下待用。

（2）盐析

将皂化液倒入一盛有 10 mL 饱和食盐水的烧杯中，边加边搅拌，直至有一层肥皂浮于溶液表面。冷却，抽滤，滤液留下待用，滤渣转入指定模具干燥，冷却成型即得肥皂。

2. 肥皂的性质

将所制肥皂置于烧杯中，加入 15 mL 去离子水，于沸水浴中稍稍加热，并不断搅拌，使其溶解为均匀的肥皂溶液。

取一支试管，加入 1 mL 肥皂溶液，在不断搅拌下缓缓滴加 5～10 滴 10％盐酸。观察有何现象产生，说明原因。

取两支试管，各加入 1 mL 肥皂溶液，再分别加入 5～10 滴 10％氯化钙溶液和 10％硫酸镁（或氯化镁）溶液。观察有何现象产生，为什么？

取一支试管，加入 2 mL 去离子水和 1～2 滴花生油，充分振荡，观察乳浊液的形成。另取一支试管，加入 2 mL 肥皂溶液，也加 1～2 滴花生油，充分振荡，观察有何现象产生？将两支试管静置数分钟后，比较两者稳定程度有何不同，为什么？

3. 油脂中甘油的鉴定

取两支干净试管，向一支试管中加入 1 mL 上述盐析实验所得的滤液，向另一支试管中加入 1 mL 去离子水作对照实验。然后，向两支试管中各加入 1 滴 7.5 mol·L⁻¹氢氧化钠溶液及 3 滴 5％硫酸铜溶液。试比较二者颜色有何区别，为什么？

五、注意事项

1. 实验中花生油也可用豆油、棉籽油、橄榄油、猪油或牛油代替。

2. 皂化反应中加入乙醇可增加油脂的溶解度，使油脂与碱形成均匀的溶液，从而加速皂化反应的进行。

3. 检查皂化进行得是否完全的方法：取出几滴皂化液放在试管中，加入 5 mL～6 mL 去离子水，加热振荡，如无油滴分离出，则表示已皂化完全。

六、思考题

1. 如何检验油脂的皂化作用是否完全？

2. 在油脂皂化反应中，氢氧化钠起什么作用？乙醇又起什么作用？

3. 为什么肥皂能稳定油—水型乳浊液？

天然有机物提取实验

由生物合成的糖类、油脂、蛋白质、生物碱等统称天然有机化合物。许多天然有机化合物对人类有很大的用途,如黄连素至今仍是治疗肠胃炎最常用的药物,吗啡碱是最早使用的一种镇痛剂等。

天然有机化合物在自然界分布广泛,其分离、提纯和鉴定是一项十分复杂的工作。有机化学中常用的一些实验手段如溶剂萃取、蒸馏和结晶等曾经在天然有机化合物的分离提取过程中发挥了重要的作用。

◆从茶叶中提取咖啡碱

◆从黄连中提取黄连素

实验三十三　从茶叶中提取咖啡碱

核心知识：从茶叶中提取咖啡碱的原理与方法；索氏提取器的使用

核心能力：独立进行从茶叶中提取咖啡碱操作的能力；产品后处理及分析能力；防范并处理有毒有机物安全事故的能力

一、实验目的

1. 学习从茶叶中提取咖啡碱的原理和方法。
2. 进一步掌握升华操作和索氏提取器的原理及使用方法。

二、预习要求

了解咖啡碱的理化性质、结构特点；回顾升华提纯法的操作要点及注意事项；了解索氏提取器的原理和使用方法；了解实验室常用的回流装置；思考本实验中如何提高提取效率；思考本实验中如何防止火灾、烫伤等实验事故的发生。

三、实验原理

茶叶中含有生物碱，其主要成分为含量约占 3%～5% 的咖啡碱（又称咖啡因，Caffeine）和含量较少的茶碱及可可豆碱。此外，茶叶中还含有 11%～12% 的丹宁酸（又称鞣酸），以及叶绿素、纤维素、蛋白质等。咖啡因的化学名称是 1,3,7-三甲基-2,6-二氧嘌呤，为嘌呤衍生物，呈弱碱性，其结构式如图 5-1 所示。

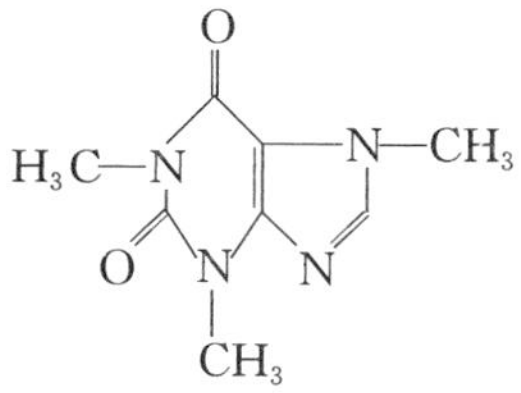

图 5-1　咖啡碱

咖啡碱是咖啡、茶叶和可可中含有的天然有机化合物。它有特别强烈的苦味，能刺激中枢神经系统、心脏和呼吸系统。它还是利尿剂，也是复方阿司匹林（APC）等药物的组分之一，在部分无酒精饮料（如红牛饮料、可乐饮料）中也可找到。目前一般食品添加剂所用的咖啡因主要是人工合成品。近年来，人们崇尚健康养生、回归自然、饮用绿色饮料的理念，引起了对从茶叶及其副产品中提取纯天然咖啡碱的研究和重视，现在已经出现了许多提取工艺及其相关产品。

纯的咖啡因是白色针状晶体，易溶于水、乙醇、丙酮、氯仿等，在 100 ℃ 时失去结晶水，并开始升华，178 ℃ 时升华得很快。无水咖啡因的熔点为 238 ℃。

索氏提取器是实验室常用的一种有效的溶剂回流提取装置。它具有很多优点：连续回流提取，节省溶剂；提取连贯，无中间反复滤过带来的损失；既能提取，又能浓缩提取液，回收溶剂；提取较完全，重复性好。

本实验从茶叶中提取咖啡因是用适当的溶剂（95% 乙醇），在索氏提取器中连续抽提，然后浓缩、焙炒而得粗制咖啡因，最后通过升华提纯。

四、仪器和试剂

索氏提取器、回流冷凝管、250 mL 圆底烧瓶、200 mL 量筒、水浴锅、蒸馏烧瓶、温度计、酒精灯、沙子或石棉网、铁架台、三角铁架、尾接管、接液瓶、蒸发皿、滤纸和滤纸筒、刮刀、表面皿等。

干茶叶或茶叶末(10 g),乙醇(95％,120 mL),氧化钙(无水,3 g～4 g)。

五、实验内容

1. 提取流程

茶叶末 $\xrightarrow[\text{95\%乙醇}]{\text{回流提取}}$ 粗提液 $\xrightarrow{\text{蒸馏}}$ 浓缩液 $\xrightarrow[\text{氧化钙}]{\text{蒸干}}$ 粗提物 $\xrightarrow[\text{收集}]{\text{升华}}$ 咖啡因

2. 实验步骤

(1) 装置的装配　按照图 5-2 所示装配好索氏提取器。

装配过程中要注意：① 滤纸套筒要紧贴器壁,其高度介于虹吸管和蒸气上升的侧管口之间,滤纸套筒上部要折成凹形,以保证回流液均匀浸透被萃取物；② 接口部位要注意密封；③ 加热容器要与大气相通(否则极易发生危险)。

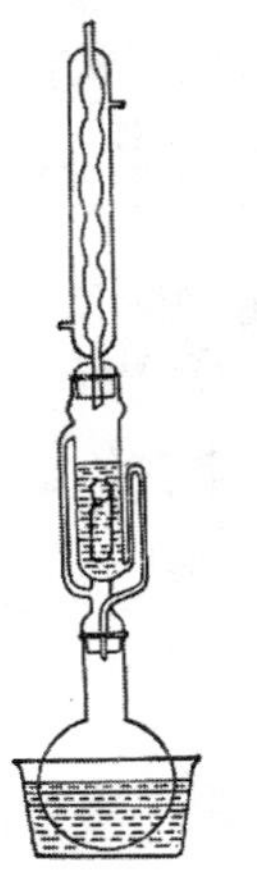

(2) 回流萃取　称取 10 克干茶叶(或茶叶末),放入索氏提取器的滤纸套筒内,注意茶叶末不可以漏出而堵塞虹吸管。然后在 250 mL 圆底烧瓶中加入 120 mL 95％乙醇和几粒沸石,接通冷凝水,水浴加热。观察从虹吸管流出的萃取液的颜色。当萃取液颜色较浅,刚刚虹吸下去时立即停止加热。连续抽提时间大约为 2 h(虹吸 7～8 次)。

(3) 回收溶剂和浓缩　将索氏提取装置改为蒸馏装置并将圆底烧瓶接入其中,蒸馏回收提取液中的大部分乙醇(约

图 5-2　索氏提取器装置图

100 mL),烧瓶中的残液即为浓缩的粗咖啡因溶液。将残液趁热倒入蒸发皿中,可用少量的回收的乙醇将烧瓶洗涤 1～2 次,再将洗涤液倒入蒸发皿中。

(4) 焙炒　往蒸发皿的残液中拌入 3 g～4 g 研细的无水氧化钙(起吸水、中和、去杂质如丹宁等部分酸性杂质的作用),搅拌成浆状。再将蒸发皿在水蒸气浴上蒸干后,将蒸发皿移至两层相隔约 10 mm 的石棉网的上层,用火焰加热下层石棉网,用热空气浴焙炒,火焰不宜太大,务必使水分全部除去。如留有少量水分会在升华时产生一些烟雾污染器皿。炒至变为墨绿色粒状物后,再用洁净的器具将其碾成粉末。冷却后,擦去沾在蒸发皿边上的粉末,以免升华时污染产物。

(5) 升华精制　按照图 2-28 所示装配好升华装置。在蒸发皿上盖一张刺有十余个孔径约 3 mm 小孔的滤纸,孔刺向上。再罩上一个合适漏斗,其直径既小于蒸发皿,又小于滤纸。漏斗颈部塞一小团疏松棉花,以减少蒸气外逸。用沙浴或石棉网上的空气浴(酒精灯或煤气灯)小火加热,逐渐升高温度,适当控温,使其高于咖啡因的沸点 178 ℃(升华),而低于其熔点 238 ℃,如 220 ℃～230 ℃范围内。如果温度太高,会使产物碳化。当滤纸上出现白色针状结晶时,适当控制火焰以降低升华速度,当温度达到 230 ℃(或发现有棕色烟雾)时,可认为升华完毕,立即停止加热。冷却至 100 ℃左右,小心揭开滤纸和漏斗,小心地把附在纸上和器皿周围的咖啡因晶体用小刀刮下。如果残渣仍为绿色,可再次升华,直到残渣变为棕色为止。

需指出的是在萃取回流很充分的情况下,纯化产物的升华操作是本实验成败的关键。

在升华过程中始终都必须小火加热，严格控制加热温度。如采用沙浴加热，为节省实验时间，沙浴可预先加热至接近 100 ℃。

合并两次所得咖啡因，称量，产量为 60 mg～70 mg。测其熔点，实测熔点范围应为 236 ℃～237 ℃。

六、附注——咖啡因的定性测定

1. 提取液的定性检验：取样品液 2 滴于干燥的白色瓷板上，喷上酸性碘—碘化钾试剂，可见到棕色、红紫色和蓝紫色化合物生成。

2. 咖啡因的定性检验：取上述任一样品液 2 mL～4 mL 置于瓷皿中，加热蒸去溶剂，加盐酸 1 mL 溶解，加入 0.1 g $KClO_3$，在通风橱内加热蒸发，待干，冷却后滴加氯水数滴，残渣即变为紫色。

3. 利用红外光谱仪测定样品的光谱并与咖啡因的红外光谱相比较。

七、思考题

1. 采用索氏提取器来提取某些物质中的化学成分有哪些优点？哪些物质不宜采用这种方法提取？

2. 采用升华法对物质进行分离、提纯需要什么条件？升华法有何优缺点？升华操作有哪几种类型？

实验三十四　从黄连中提取黄连素

核心知识:从黄连中提取黄连素的原理与方法

核心能力:独立进行从黄连中提取黄连素操作的能力;产品后处理及分析能力;防范并处理强酸、有毒有机物安全事故的能力

一、实验目的

1. 学习从中草药中提取生物碱的原理和方法。
2. 进一步掌握索氏提取器连续抽提的方法。
3. 进一步掌握利用重结晶方法对物质进行分离提纯的操作。

二、预习要求

　　了解黄连素的理化性质、结构特点;回顾索氏提取器的操作方法及注意事项;回顾重结晶的操作方法及注意事项;了解实验室常用的抽滤装置;思考本实验中如何提高提取效率;思考本实验中如何防止火灾、烫伤等实验事故的发生。

三、实验原理

　　黄连为我国名产药材之一,抗菌力很强,对急性结膜炎、口疮、急性细菌性痢疾、急性肠胃炎等均有很好的疗效。黄连中含有多种生物碱,除以黄连素(俗称小檗碱,Berberine)为主要有效成分外,还含有黄连碱、甲基黄连碱、棕榈碱和非洲防己碱等。随野生和栽培及产地的不同,黄连中黄连素的含量为 $4\%\sim10\%$ 。含黄连素的植物很多,如黄柏、三颗针、伏牛花、白屈菜、南天竹等,它们均可作为提取黄连素的原料,但以黄连和黄柏含量为高。

黄连素存在下列三种互变异构体:

$$\text{醇式} \rightleftharpoons \text{醛式} \xrightarrow[\text{H}^+]{\text{OH}^-} \text{季铵碱式}$$

醇式　　　　　　　　醛式　　　　　　　　季铵碱式

　　在自然界中黄连素多以季铵碱的形式存在。

　　黄连素是黄色的针状结晶,微溶于水和乙醇,较易溶于热水和热乙醇中,几乎不溶于乙醚。其盐酸盐难溶于冷水,易溶于热水,而硫酸盐则易溶于水中,本实验就是利用这些性质从黄连中提取黄连素的。

四、仪器和试剂

索氏提取器、普通蒸馏装置、250 mL 烧杯、抽滤装置、电炉、100 mL 蒸发皿、温度计

（150 ℃）、抽滤装置、100 mL 量筒、滤纸和滤纸筒、台秤、水浴装置等。

黄连（粉末）、95％乙醇、浓盐酸、1％醋酸、冰块、石灰乳、丙酮。

五、实验内容

1. 实验流程

黄连粉 —回流提取 95％乙醇→ 黄连粗提液 —蒸馏→ 黄连浓缩液 —醋酸 浓盐酸→ 盐酸黄连素 —抽滤→

盐酸黄连素结晶 —丙酮 洗涤→ 盐酸黄连素粗品

2. 实验步骤

（1）黄连素的抽提　称取 10 g 已磨细的黄连粉末（或碎片），装入索氏提取器的滤纸筒内，滤纸筒既要紧贴器壁，又要能方便取放。被提取物高度不能超过虹吸管，否则被提取物不能被溶剂充分浸泡，影响提取效果。被提取物亦不能漏出滤纸筒，以免堵塞虹吸管。

在提取器的烧瓶中加入 80 mL 95％乙醇和几粒沸石，装好索氏提取器，接通冷凝水，水浴加热，观察从虹吸管流出的萃取液的颜色。当萃取液颜色较浅，虹吸刚刚下去时立即停止加热。连续抽提时间大约需要 1 h～1.5 h，冷却，得到黄连素的初级提取液。

（2）乙醇的回收　将圆底烧瓶移入蒸馏装置，水浴加热蒸馏（也可以用减压蒸馏），回收大部分乙醇（沸点 78 ℃）。直到残留物呈棕红色糖浆状，此即黄连素的浓缩液。

（3）黄连素盐酸盐的析出　向浓缩液中加入 20 mL～30 mL 1％醋酸，加热溶解，趁热过滤，以除去不溶物。再向滤液中滴加浓盐酸，至溶液混浊为止（约需 8 mL～10 mL），放置冷却（或用冷水，最好用冰水冷却）即有黄色针状体的黄连素盐酸盐析出。抽滤，将得到的结晶用冰水洗涤两次，再用丙酮洗涤一次即得黄连素盐酸盐粗品。如果晶形不好，可用水重结晶一次。称重，计算产率。

六、思考题

1. 本次实验中对于盐酸黄连素的提取与上次实验中对于咖啡因的提取有何异同之处？

2. 重结晶操作的关键问题是什么？

附　录

附录一　部分试剂手册

（按 C 原子数，再按 H，O，N，S，金属元素及其原子个数排列。）

一碳

氯仿(三氯甲烷,Chloroform):$CHCl_3$,相对分子质量 119.39,无色液体。高折光,不燃质重,易挥发,味微甜,有特殊气味,纯品对光敏感,试剂中常含有 $0.6\%\sim1\%$ 的乙醇稳定剂。25℃时 1 mL 能溶于 200 mL 水,能与醇、苯、醚、石油醚、四氯化碳、二氧化碳和油类等混合。相对密度 1.484(20/4℃),m. p. -63.5℃,b. p. 61℃~62℃,折光率 1.447 6(20℃)。危险性质:有机高毒品。密封避光阴凉处保存。

用作脂肪、橡胶、树脂、生物碱、蜡、磷和碘的溶剂,广泛用于提取各种有色化合物,校正温度计,色谱分析用溶剂和清洁洗涤剂,细菌血清检验中制备牛肉消化汤培养基,测定血清中无机磷,肝功能试验的防腐剂,测定钴、锰、铱、碘、磷的提取剂。

甲酸(蚁酸,Formic acid):CH_2O_2,相对分子质量 45.02,无色透明液体。有刺激性气味。酸性很强,有腐蚀性,能刺激皮肤起泡。溶于水、乙醇、乙醚和甘油,有还原性,易被氧化成水和二氧化碳。相对密度 1.22(20/4℃),m. p. 8.6℃,b. p. 100.8℃(分解),折光率 1.371 4 (20℃),闪点 68.89℃。危险性质:腐蚀性。密封阴凉处保存。

用作还原剂,测定砷、铋、铝、铜、金、铟、铁、铅、锰、汞、铂、银和锌等,检定铈、铼和钨,检验芳香族伯胺和仲胺,测定分子量及结晶的溶剂,测定甲氧基,显微分析中用作固定剂,制甲酸盐类,作防腐剂、消毒剂等。

二氯甲烷(甲叉二氯,Dichloromethane):CH_2Cl_2,相对分子质量 84.94,无色液体,类似醚的气味,吸入有毒。可与醇、醚及二甲基甲酰胺混合。微溶于水,相对密度 1.326 (20/4℃),m. p. -95℃,b. p. 40℃~41℃,折光率 1.424 4(20℃)。危险性质:有机高毒品。密封阴凉处保存。

用作醋酸纤维素溶剂,脂肪和油类萃取剂,乙醚和石油醚的代用品。

甲醇(木醇,Methanol):CH_4O,相对分子质量 32.04,无色澄清易挥发易燃液体。纯品微有醇的气味。有毒,饮后能致目盲。能与水、乙醇、乙醚、苯、酮类等多种有机溶剂混合,能与多种化合物形成共沸物。易氧化或脱氢成甲醛。蒸气与空气形成爆炸性混合物,爆炸极限为 $6.0\%\sim36.5\%$(体积)。燃烧时无烟,有蓝色火焰。甲醇的溶解性能较好,能溶解多种无机盐,如碘化钠、氯化钙、氯化钠、氯化铵、硫酸铜、硝酸铵、硝酸银等。相对密度 0.791 5(20/4℃),m. p. -97.8℃,b. p. 64.7℃(分解),折光率 1.329 2 (20℃),闪点 12.22℃。危险性质:易燃,中毒,腐蚀性。密封阴凉避光处保存。

用于分离硫酸钙和硫酸镁,与异丁醇混合分离锶和钡的溴化物。检验和测定硼,用作溶剂,有机合成中的甲基化剂,防冻剂,浸出剂。

尿素（脲，Urea）：CH_4ON_2，相对分子质量 60.06，白色晶体或粉末，有氨的气味，加热温度高于其熔点时则分解成双缩脲、氨和三聚氰酸。溶于水、醇、浓盐酸，几乎不溶于醚和氯仿，10％水溶液的 pH 为 7.2。相对密度 1.32(18/4 ℃)，m. p. 132 ℃。密封保存。

用于检验锑和铅，测定铅、钙、铜、镓、磷、碘化物和硝酸盐，测定血液尿素氮时，配标准溶液。测定血清胆红素，烃的分离，分析中用以分解氮的氧化物及亚硝酸，制备培养基，福林法测定尿酸时的稳定剂，均相沉淀。

活性炭（Carbon active）：C，相对原子质量 12.011 15，黑色细微粉末，无臭，无味，不溶于任何溶剂。具有高容量吸附有机色素及含氮碱的能力，密度 1.8 g·$(cm^3)^{-1}$～2.1 g·$(cm^3)^{-1}$，b. p. 4 200 ℃。密封干燥保存。

用于脱色及过滤，使带色液体脱色。吸收各种气体与蒸气，色谱分析用，测甲醇、锡和硅的还原剂。

二硫化碳（Carbon disulfide）：CS_2，相对分子质量 76.14，无色透明液体，易流动，有毒，类似醚的气味，易燃，燃烧时有蓝色火焰，生成 CO_2 和 SO_2，能与乙醇、醚、甲醇、苯、氯仿、四氯化碳和油类混合，水中溶解度为 0.294％(20 ℃)，能溶解碘、溴、硫、脂肪、蜡、树脂、橡胶、樟脑和黄磷等。相对密度 1.263(20/4 ℃)，m. p. －111.6 ℃，b. p. 46.5 ℃，折光率 1.628 0(20 ℃)，闪点 －30 ℃。危险性质：易燃，中毒。密封阴凉处保存，防止接触明火。

用作分析脂肪、树脂和橡胶的溶剂，检验伯胺、仲胺及 α-氨基酸，测折光率，色谱分析用的溶剂，粘胶纤维，羊毛去脂剂。

四氯化碳（四氯甲烷，Carbon tetrachloride）：CCl_4，相对分子质量 153.84，无色澄清不燃液体，质重，有毒，有特殊气味，能与醇、醚、二硫化碳、石油醚、氯仿、苯和油等任意比混合，难溶于水(1：2 000)。相对密度 1.689(20/4 ℃)，m. p. －23 ℃，b. p. 76 ℃，折光率 1.460 7(20 ℃)，危险性质：中毒。密封避光阴凉处保存。

用于检定硼、溴、钙、铜、碘和镍，测定硼、溴、氯、钼、磷、银、钨和钒。分析中用作脂肪、树脂、树胶等不燃性溶剂。提取带色的各种金属和某些络合物的二苯硫代偶氮肼羰化合物。香花和种子的油质浸出剂。溶剂，有机微量分析测定氯的标准。

二碳

乙炔（电石气，Acetylene）：C_2H_2，相对分子质量 26.04，无色无臭气体，能溶于丙酮和苯，微溶于水、醇、氯仿及二硫化碳。相对密度 0.618(空气＝1)，m. p. －80.8 ℃，b. p. －84 ℃。危险性质：易燃，中毒。密封阴凉处保存。

乙二酸（草酸，Oxalic acid）：$C_2H_2O_4·2H_2O$，相对分子质量 126.07，无色透明单斜片状，菱形晶体或白色粉末，无气味，能与水、醇、甘油、乙醚混合，不溶于苯、氯仿和石油醚，在高热干燥空气中易风化。密度 1.653 g·$(cm^3)^{-1}$，m. p. 101 ℃～102 ℃。危险性质：腐蚀性。密封保存。

用于沉淀钙、镁、钍和稀土元素，掩蔽络合物的生成，校准高锰酸钾标准溶液，显微微晶分析检验钠和其他许多元素，钙的显色反应，漂白剂，去污剂等。

乙酰氯（氯乙酰，Acetyl chloride）：C_2H_3OCl，相对分子质量 78.50，无色液体，有刺激性气味，并强烈刺激眼睛、皮肤及黏膜，能溶于醚、苯、氯仿、石油醚、丙酮、乙酸等，相对密度 1.104(20/4℃),m. p. −112℃,b. p. 52℃,折光率 1.389 8(25℃),闪点 4.44℃。危险性质:高毒,易燃,遇水或醇剧烈分解。密封干燥处保存。

用于药物及合成染料,测定胆固醇及有机液体中的水分,鉴定亚硝基,测定羟基,作乙酰化试剂。

乙酸钠(醋酸钠,Sodium acetate):$C_2H_3O_2Na \cdot 3H_2O$,相对分子质量 136.09,无色透明晶体或白色颗粒,在干燥空气中风化,在 132℃时失去结晶水,高于320℃时分解,能溶于水(显弱碱性),微溶于乙醇。密度 1.45 g·$(cm^3)^{-1}$,m. p. 58℃。密封保存。

用作媒染剂、缓冲剂,测定铅、铜、镍、铁,配制 199 培养基。

乙烯(Ethylene):C_2H_4,相对分子质量 28.05,无色气体,微弱香甜味,微溶于醇和醚,不溶于水。与空气能形成爆炸混合物,爆炸下限 3%~3.5%,上限 16%~29%(体积)。液化临界温度 9.90℃,临界压力为 50.7×10^5 Pa,相对密度 0.985(空气=1),m. p. −104℃,b. p. −169℃。危险性质:易燃。密封阴凉处保存。

乙醛 40%(醋醛,Acetaldehyde):C_2H_4O,相对分子质量 44.05,无色液体,有窒息性气味,能与水、醇、氯仿、乙醚混合。长期暴露于空气中,易氧化为乙酸,可以发生聚合反应而变混浊、沉淀,爆炸极限 40%~57%,在空气中允许浓度200 μg·mL^{-1}。危险性质:易燃。密封冷藏保存。

环氧乙烷(氧化乙烯,Ethylene oxide):C_2H_4O,相对分子质量 44.05,常温常压下为无色易燃气体,12℃以下液化,能溶于水、醇、醚,能还原硝酸银,不宜久贮,否则会起聚合反应而生成多种物质的混合物。能高度刺激眼和黏膜,高浓度时可引起肺水肿。相对密度 0.869(空气=1),m. p. −111℃,b. p. 10.7℃,折光率1.359 7(7℃)。危险性质:易燃,中毒。安瓿瓶或气瓶密封,阴凉处保存。

用于有机合成,食物、织物的防霉,杀虫剂,抗冻,洗涤,乳化剂等。

乙酸 36%(醋酸,Methane carboxylic acid):$C_2H_4O_2$,相对分子质量 60.05,无色透明溶液,刺激性气味。危险性质:酸性腐蚀。密封阴凉处保存。

乙烷(Ethane):C_2H_6,相对分子质量 30.07,无色无味气体,能溶于有机溶剂,微溶于水。与空气能形成爆炸混合物,爆炸极限 3.2%~12.5%(体积)。液化临界温度 32℃,临界压力为 48.2×10^5 Pa,相对密度 1.034(空气=1),m. p. −172℃,b. p. −88.3℃。危险性质:易燃。密封阴凉处保存。

无水乙醇(绝对乙醇,Spirit of wine):C_2H_6O,相对分子质量 46.07,无色澄清液体,有灼烧味,极易从空气中吸收水分。能与水、氯仿、醚及其他多种有机溶剂混合,相对密度 0.798(20/4℃),b. p. 78.5℃,m. p. −114.1℃,折光率1.361(20℃),闪点 9℃~11℃。危险性质:易燃。密封干燥阴凉处保存。

用作溶剂,清洗剂,分析镍、钾、镁及脂肪的酸价。

乙醇 95%(酒精,Ethanol):C_2H_6O,相对分子质量 46.07,无色液体,微弱香味,能与水、氯仿、醚及其他多种有机溶剂混合,b. p. 78.4℃。危险性质:易燃。密封阴凉处保存。

二甲基亚砜(DMSO,Dimethyl sulfoxide):C_2H_6OS,相对分子质量 78.13,无色透明液体,味微苦,强极性,有吸湿性,对于许多有机化合物有极强的溶解性,能溶于水、乙醇、丙酮、醚、苯、氯仿等。一般情况下稳定,但在其沸点长时间煮沸回流时则分解,酸促进分解。室温下 DMSO 遇氯气能发生剧烈反应。相对密度1.100(20/4℃),m. p. 18.45℃,

b. p. 189 ℃,折光率 1.479 5(20 ℃),闪点 95 ℃,黏度 1.1×10^{-3} Pa·s。危险性质:有毒。密封干燥处保存。

用作合成纤维的聚合及纺丝溶剂,农药溶剂,萃取剂,活性染料稳定剂,反应介质,化学中间体。气相色谱固定剂(最高使用温度 30 ℃,溶剂为丙酮),分离、分析低级烃异构物。

乙二醇(甘醇,Ethylene glycol):$C_2H_6O_2$,相对分子质量 62.07,无色黏稠液体,有甜味,有吸水性,能降低水的凝固点,溶于水、低级醇、甘油、丙酮、乙酸、吡啶和醛,微溶于醚,几乎不溶于苯及苯的同系物。相对密度 1.113 5 (20/4 ℃),m. p. -13 ℃,b. p. 197.6 ℃,折光率 1.430 6 (25 ℃),闪点 116 ℃。危险性质:低毒。密封保存。

用作气相色谱固定液(最高使用温度 50 ℃,溶剂为氯仿),分离、分析低沸点含氧化合物、胺类、氮或氧杂环化合物。测定水泥中的氧化钙,用作溶剂,抗冻剂,有机合成。

二甲基砜(DMSO₂,Dimethyl sulfone):$C_2H_6O_2S$,相对分子质量 94.33,白色晶体,易溶于水、乙醇、甲醇、苯、丙酮,微溶于醚,相对密度 1.170(20/4 ℃),m. p. 110 ℃,b. p. 238 ℃,折光率 1.422 6(20 ℃)。密封保存。

用作气相色谱固定液(最高使用温度 30 ℃,溶剂为丙酮),分离、分析碳氢化合物,无机及有机物质的高温溶剂。

溴乙烷(乙基溴,Bromothane):C_2H_5Br,相对分子质量 108.97,无色油状液体,有类似乙醚的气味和灼烧味,露置空气中或见光逐渐变为黄色,有挥发性,能与乙醇、乙醚、氯仿和多数有机溶剂混溶。水中溶解度(g/100 g):0 ℃时 1.067,10 ℃时 0.965,20 ℃时 0.914,30 ℃时 0.986。相对密度 1.461 2(20/4 ℃),m. p. -119 ℃,b. p. 38.2 ℃,折光率 1.424 2(20 ℃)。危险性质:低毒,浓度高时有麻醉作用,能刺激呼吸道。

三碳

甘油(丙三醇,Glycerol):$C_3H_3O_3$,相对分子质量 92.09,无色透明黏稠液体。无气味,易吸水、硫化氢、氰化氢、二氧化硫,对石蕊呈中性,长期放置在 0 ℃低温处,能形成熔点为 17.8 ℃、有光泽的斜方晶体,遇强氧化剂则燃烧、爆炸,能与水、乙醇任意比混合,1 份该产品能溶于 11 份乙酸乙酯、500 份乙醚,不溶于苯、氯仿、四氯化碳、二硫化碳、石油类、油类。相对密度 1.263 6(20/4 ℃),m. p. 17.8 ℃,b. p. 290 ℃(分解),折光率 1.474 6 (20 ℃)。密封保存。

用作气相色谱固定液(最高使用温度 75 ℃,溶剂为甲醇),分离、分析低沸点含氧化合物、胺类、氮或氧杂环化合物,能完全分离 3-甲基吡啶(b. p. 144.14 ℃)和 4-甲基吡啶(b. p. 145.36 ℃),适用于水溶液的分析。用作溶剂,气量计、水压计、水压机的缓震液,软化剂,抗生素发酵用营养剂,干燥剂,有机合成。

丙酮(阿西通,Acetone):C_3H_6O,相对分子质量 58.08,无色液体,有特殊气味,具辛辣甜味,易挥发,易燃,能与水、乙醇、N,N-二甲基甲酰胺、氯仿、乙醚及大多数油类混合。蒸气与空气形成爆炸性混合物,爆炸极限 2.5%～12.80%(体积)。相对密度 0.789 8 (20/4 ℃),m. p. -94 ℃,b. p. 56.5 ℃,折光率 1.359 1 (20 ℃),闪点 -20 ℃,自燃点 53.78 ℃。危险性质:易燃,高毒。密封阴凉处保存。

常用作有机溶剂,能选择性地溶解某些有机物。水溶液中有丙酮存在时,可抑制溶液中物质离解。可用于带有硫氰根的钴及铁之比色测定。显色反应检验钡和锶,显微分析用作固定剂,组织的硬化及脱水。动植物中各成分的抽提。

丙醛(Propionaldehyde):C_3H_6O,相对分子质量 58.08,无色透明液体。有窒息性刺激气味,能溶于水,与乙醇、乙醚混溶,在紫外光、碘或热的影响下,分解而成二氧化碳和乙烷等,能聚合,用空气、次氯酸盐和重铬酸盐氧化时生成丙酸,用氢还原时生成正丙醇,与过量甲醛作用生成甲基丙烯酸。相对密度 0.81(20/4 ℃),m. p. −81 ℃,b. p. 47 ℃～49 ℃,折光率 1.364(20 ℃),闪点 −9.44 ℃。危险性质:易燃。密封保存。

用于有机合成,橡胶、塑料促进剂和防老剂,防腐,消毒,抗冻剂,润滑剂,脱水剂。

乳酸(α-羟基丙酸,Lactic acid):$C_3H_6O_3$,相对分子质量 90.08,无色或微黄色稍具吸潮性的稠厚澄清液体。能与水、醇和甘油任意比混合,几乎不溶于氯仿、石油醚和二硫化碳。能随过热水蒸气挥发,浓缩至 50%的部分转变为乳酸酐,所以一般 85%～90%乳酸中含有 10%～15%乳酸酐。相对密度 1.249(15/4 ℃),m. p. 16.8 ℃,b. p. 122 ℃(1 866.508 Pa～1 999.83 Pa),密封保存。

用作食品的酸素及香料,防腐剂,制备乳酸盐,增塑剂,络合滴定分析钙、镁和铝,测血浆中二氧化碳结合力,测定铜和锌。

丙醇(正丙醇,Propanol):C_3H_8O,相对分子质量 60.09,无色透明液体,有像乙醇的麻醉气味。溶于水、乙醇和乙醚。蒸气与空气形成爆炸性混合物,爆炸极限 2.5%～8.7%(体积)。相对密度 0.80(20/4 ℃),m. p. −127 ℃,b. p. 97.19 ℃,折光率 1.386(20 ℃),闪点 22 ℃。危险性质:易燃。密封保存。

用于有机合成,溶剂。

2-丙醇(异丙醇,2-Propanol):C_3H_8O,相对分子质量 60.09,无色透明液体。有像丙酮、乙醇的混合气味,味微苦。溶于水、乙醇和乙醚。蒸气与空气形成爆炸性混合物,爆炸极限 3.8%～10.2%(体积),不溶于盐酸,能与水形成共沸混合物。相对密度 0.79(20/4 ℃),m. p. −88.5 ℃,b. p. 82.5 ℃,折光率 1.377 2(20 ℃),闪点 11.67 ℃。危险性质:易燃。密封保存。

用作溶剂,测定钡、钙、铜、镁、镍、钾、钠、锶,亚硝酸钴钠—异丙醇法测定土壤及植株中钾量,萃取生物碱,农药分析。

2,3-二巯基丙醇(二巯基丙醇,2,3-Dimercapto-1-propanol):$C_3H_8OS_2$,无色或几乎无色黏稠液体,有类似葱蒜样的气味。1g 溶于 13 mL 水并同时分解,生成二硫化物,能溶于植物油中。相对密度 1.238 5(25/4 ℃),b. p. 140 ℃(5.333×10^3 Pa),折光率 1.572 0(25 ℃)。密封阴凉处保存。

用作各种金属离子掩蔽剂和螯合剂。解毒剂,能解一切含砷毒物及重金属类(如金、锑、镉、铋及汞等)的毒性。

四碳

酒石酸钠钾(罗氏盐,Potassium sodium tartrate):$C_4H_4O_6KNa \cdot 4H_2O$,相对分子质量 282.23,无色透明晶体或白色晶状粉末,味咸而凉,在热空气中稍有风化,100 ℃时失去三分子结晶水,130 ℃～140 ℃时失去全部结晶水,220 ℃时开始分解。能溶于水,不溶于乙醇,水溶液对石蕊呈碱性,pH 7～8,密度 1.79 g·$(cm^3)^{-1}$,m. p. 70 ℃～80 ℃。密封保存。

　　用于配制斐林试剂,掩蔽剂,尿酸和糖的定量测定,还原测定,血清蛋白生化检验,电镀。

　　乙酸酐(乙酐,Acetic anhydride):$C_4H_6O_3$,相对分子质量102.09,无色液体,有强烈的乙酸气味,能溶于乙醚、氯仿,缓慢溶于水变成乙酸,相对密度1.082 0(20/4 ℃),m. p. －73 ℃,b. p. 139 ℃,折光率1.390 4(20 ℃),闪点54.44 ℃,自燃点400 ℃。危险性质:腐蚀,易燃。密封干燥处保存。

　　分析中常用作乙酰化试剂,测定水分,检验醇、芳香族伯胺和仲胺,测定血清中总胆固醇,分析农药中间体,色谱分析及有机合成中用作脱水剂,制造乙酸酯、乙酰化合物,合成药物及染料。

　　丁二酸(琥珀酸,Succinic acid):$C_4H_6O_4$,相对分子质量118.09,无色或白色单斜柱状晶体,无气味,味极酸,能溶于水、乙醇、甲醇,几乎不溶于二硫化碳、石油醚及四氯化碳、苯,相对密度1.56(20/4 ℃),m. p. 185 ℃～187 ℃,b. p. 235 ℃。密封保存。

　　用作碱量法标准,检定铈、铜、镧、钪、铥、钇和亚硝酸盐,分离和测定铁和铝,缓冲剂,有机合成,色谱分析对比物质。

　　乙酸铅(铅糖,Lead acetate):$Pb(CH_3COO)_2 \cdot 3H_2O$,相对分子质量379.34,无色透明单斜晶体、白色颗粒或粉末,微弱乙酸气味,在空气中迅速风化,能吸收空气中的CO_2变成不全溶的碱式碳酸盐,75 ℃时失去结晶水变成白色粉末(密度为3.25 g·$(cm^3)^{-1}$,m. p. 280 ℃),在100 ℃时失去乙酸,200 ℃以上完全分解。易溶于水(5%的水溶液在25 ℃时pH为5.5～6.5)和甘油,难溶于乙醇,不溶于乙醚,密度2.55 g·$(cm^3)^{-1}$,m. p. 75 ℃,危险性质:毒性。密封保存。

　　用于鉴定硫化物,测定三氧化铬、三氧化钼,制其他铅盐,催干剂,媒染剂。

　　乙酸乙酯(Ethyl acetate):$C_4H_8O_2$,相对分子质量88.10,无色透明可燃性液体,有水果香味,溶于热乙醇、氯仿、乙醚和苯,微溶于水,易发生水解和皂化反应。蒸气与空气形成爆炸性混合物,爆炸极限2.2%～11.2%(体积),相对密度0.901(20/4 ℃),m. p. －83.6 ℃,b. p. 77.1 ℃,折光率1.371 9,闪点7.2 ℃。危险性质:易燃。密封避光干燥处保存。

　　用于从水中提取多种化合物(磷、钨、砷、钴),有机分析中用作结晶时的溶剂,分离糖类时作为校正温度计的标准物质。检定铋、金、铁、汞、氧化剂和铂,测定铋、硼、金、铁、钼、铂、钾和铊。

　　二氧六环(1,4-二噁烷,Dioxane):$C_4H_8O_2$,相对分子质量88.10,无色易燃液体,有醚的气味,可与水及多数有机溶剂混溶,易吸氧形成过氧化物,相对密度1.033(20/4 ℃),m. p. 11.8 ℃,b. p. 101.1 ℃,折光率1.417 5(20 ℃)。密封阴凉处保存。

　　用作溶剂,非水滴定中常用作溶剂,从钾和钠中分离锂。

　　乙醚(二乙醚,Diethyl ether):$C_4H_{10}O$,相对分子质量74.12,无色液体,微弱甜味,有刺激性气味,微溶于水,能溶于乙醇、苯、氯仿、石油醚及油类,有麻醉性。长期暴露于空气中,易氧化为过氧化物,可用5%硫酸亚铁除去。相对密度0.713 4(20/4 ℃),m. p. －116.3 ℃,b. p. 34.6 ℃。闪点－45 ℃,折光率1.355 5(15 ℃)。危险性质:易燃,易爆,低毒。密封阴凉处保存。

　　用作萃取剂、有机溶剂。

丁醇（正丁醇 Butanol）：$C_4H_{10}O$，相对分子质量 74.12，无色透明液体。微弱杂醇油气味，能与醇、醚及多种有机溶剂混溶，溶于水，溶解度为 9.1 mL/100 mL（25 ℃）。相对密度 0.810（20/4 ℃），m. p. -90 ℃，b. p. 117 ℃～118 ℃，折光率 1.399 3（20 ℃），闪点 36 ℃～38 ℃。燃烧时发出强光火焰，并于纸上残留脂点。危险性质：易燃。密封阴凉处保存。

作为溶剂用以分离氯酸钾及氯酸钠，也可分离氯化钠及氯化锂。用以洗涤乙酸铀酰钠沉淀，比色测定中用钼酸盐法测定砷酸时用。测定牛乳中的脂肪，皂化脂类的介质，显微分析时制备石蜡包埋物质。

2-丁醇（仲丁醇，2-Butanol）：$C_4H_{10}O$，相对分子质量 74.12，无色液体。有强烈香味，能与醇、醚混溶，微溶于水，相对密度 0.808（20/4 ℃），m. p. -114.7 ℃，折光率 1.394 9（20 ℃），闪点 23.9 ℃。危险性质：易燃。密封保存。

用于制备丁酮，有机合成，溶剂，浮选剂，香料。

内消旋酒石酸（2,3-二羟基丁二酸，meso-tartaric acid）：左旋酒石酸的密度 1.759 8 g·$(cm^3)^{-1}$（20 ℃），m. p. 168 ℃～170 ℃，旋光度-12.0（20 g 溶于 100 g 水中）；右旋酒石酸的密度 1.759 8 g·$(cm^3)^{-1}$（20 ℃），m. p. 168 ℃～170 ℃，旋光度$+12.0$（20 g 溶于 100 g 水中）。内消旋酒石酸的密度 1.666 g·$(cm^3)^{-1}$（20 ℃），m. p. 140 ℃，溶于水，无毒。

作为食品中添加的抗氧化剂，可以使食物具有酸味。用于制药物、果子精油、焙粉，也用作媒染剂、鞣剂等。

六碳

2,4,6-三硝基苯酚（苦味酸，2,4,6-Trinitrophenol）：$C_6H_3O_7N_3$，相对分子质量 229.11，淡黄色晶体，无气味，味苦，能溶于水、醇、苯、氯仿和乙醚，密度 1.763 g·$(cm^3)^{-1}$（20 ℃），m. p. 122 ℃～123 ℃。危险性质：爆炸（急剧加热或撞击时）。密封避光并加水 35% 以上阴凉处保存。

用于比色分析测钾，重量分析测铋，检定氰化物，有机分析鉴定芳香烃、胺、酚、生物碱、芳香族脂和杂环化合物。

苯（安息香油，Benzene）：C_6H_6，相对分子质量 78.12，无色澄清液体，有特殊气味，易燃，燃烧时冒黑烟而无绿色边缘，能与乙醇、乙醚、丙酮、四氯化碳、二硫化碳及乙酸任意比混合，微溶于水。相对密度 0.878 7（15/4 ℃），m. p. 5.5 ℃，b. p. 80.1 ℃，闪点 10.12 ℃，折光率 1.501 6（29 ℃）。危险性质：中毒，易燃。密封阴凉处保存。

用作脂肪、树脂及碘等的溶剂，测定矿物折射指数，有机合成，光学纯溶剂。

苯酚（石炭酸，Phenol）：C_6H_6O，相对分子质量 94.11，无色针状晶体或白色熔块。有特殊气味，有毒及腐蚀性。暴露在空气中和光照下易变红色，在碱性条件下更易促进这种变化。当不含水分及甲酚时，在 41 ℃凝固，43 ℃熔融。一般商品含有杂质，使熔点升高。与 80% 的水混合能液化。易溶于乙醇、氯仿、乙醚、甘油和二硫化碳，能溶于水，不溶于石油醚，密度 1.543 g·$(cm^3)^{-1}$，m. p. 40.85 ℃，b. p. 182 ℃，折光率 1.542 5，闪点 79 ℃。危险性质：低毒，腐蚀性。密封避光保存。

在硫酸溶液中比色测定硝酸盐、亚硝酸盐，间接测定钾，用以结合过量游离卤素，测定碱土金属的氧化物，检定氨、次氯酸盐、1-羟基酸，作为测定难熔化合物的分子量的溶剂，显微染色等。

2,4-二硝基苯肼(2,4-Dinitrophenylhydrazine)：$C_6H_6O_4N_6$，相对分子质量 198.14，红色晶状粉末，溶于稀无机酸、热醇、乙酸乙酯、苯胺等，微溶于水和醇。在酸性溶液中稳定，熔点约为 200 ℃。危险性质：易燃。密封保存。

用于测定醛类、酮类，合成樟脑，测定转氨酶活性和肝功能。

苯胺(阿尼林，Aniline)：C_6H_7N，相对分子质量 93.12，初馏时为无色油状液体。有特殊气味和灼烧味。露置空气中与光线下颜色变深，易燃。能与醇、乙醚、苯及多种有机溶剂混合，微溶于水。相对密度 1.022(20/20 ℃)，m. p. -6.2 ℃，b. p. 184 ℃～186 ℃，闪点 70 ℃，折光率 1.586 3(20 ℃)。危险性质：高毒，易燃。密封避光阴凉处保存。

用作弱碱，能以氢氧化物的形态沉淀三价和四价元素(Fe,Al,Cr)的易水解盐类，使之与难水解的二价元素(Mn^{2+})的盐类分离，在显微微晶分析中，用以检验能生成硫氰酸络合阴离子或其他阴离子(这些阴离子都能被苯胺沉淀)的元素(Cu,Mg,Ni,Co,Zn,Cd,Mo,W,V)，检验卤素、铬酸盐、钒酸盐、亚硝酸盐和羧酸。用作溶剂，有机合成。

环己酮(Cyclohexanone)：$C_6H_{10}O$，相对分子质量 98.15，无色透明液体，带有泥土气息，含有痕量的酚时，则带有薄荷味，低毒。不纯物为浅黄色，随着存放时间的延长生成杂质而显色，呈水白色到灰黄色，具有强烈的刺鼻臭味。密度 0.947 8 g·mL^{-1}(20 ℃)，m. p. -16.4 ℃，b. p. 155.65 ℃，微溶于水。

在工业上主要用作有机合成原料和溶剂，例如可溶解硝酸纤维素、涂料、油漆等。

水杨酸(2-羟基苯甲酸，2-Hydroxybenzoic acid)：$C_6H_4OHCOOH$，相对分子质量 138.12，白色结晶性粉末，无臭，味先微苦后转辛，无毒。m. p. 157 ℃～159 ℃，在光照下逐渐变色，b. p. 约 211 ℃(2.67 kPa)，176 ℃升华。相对密度 1.44(15/4 ℃)，常压下急剧加热分解为苯酚和二氧化碳。1 g 水杨酸可分别溶于 460 mL 水、15 mL 沸水、2.7 mL 乙醇、3 mL 丙酮、3 mL 乙醚、42 mL 氯仿、135 mL 苯、52 mL 松节油、约 60 mL 甘油和 80 mL 石油醚中。水杨酸水溶液的 pH 为 2.4。

水杨酸主要用作医药工业的原料，还可用作化妆品、防腐剂等。

七碳

苯甲醛(安息香醛，Benzaldehyde)：C_7H_6O，相对分子质量 106.12，无色或淡黄色液体。有似苦杏仁气味，有强折光性，能随水蒸气一起挥发，久贮变黄，在空气中能逐渐氧化成苯甲酸，在光线照射下更甚，能与醇、醚及油类混合，微溶于水。能还原银氨溶液，但不能还原斐林溶液，相对密度 1.050(15/4 ℃)，m. p. -56.5 ℃，b. p. 179 ℃，闪点 62 ℃，折光率 1.545 6(20 ℃)。危险性质：高毒，易燃。密封阴凉处保存。

用于有机合成，溶剂，测定臭氧及位于羰基旁边的亚甲基，检定酚、生物碱，香料。

苯甲酸(安息香酸，benzoic acid)：C_6H_5COOH，相对分子质量 122，无色、无味片状晶体。m. p. 122.13 ℃，b. p. 249 ℃，相对密度 1.265 9(15/4 ℃)，折光率 1.539 7(20 ℃)。在 100 ℃时迅速升华，蒸气有较强的刺激性，吸入后易引起咳嗽，无明显毒性，微溶于水，易溶于乙醇、乙醚等有机溶剂。

苯甲酸及其钠盐可用作乳胶、牙膏、果酱或其他食品的抑菌剂，也可作染色和印色的媒染剂。用作制药和染料的中间体，用于制取增塑剂和香料等，也作为钢铁设备的防锈剂。

八碳

乙酰苯胺(退热冰,Acetanilide):C_8H_9ON,相对分子质量135.16,白色有光泽鳞片晶体,有时呈白色粉末,有微弱灼烧气味,约在95℃挥发,易溶于热水、醇、氯仿、醚和丙酮,微溶于水,极难溶于石油醚。密度1.219 g·$(cm^3)^{-1}$,m. p. 113℃~115℃,b. p. 304℃~305℃,闪点173.89℃。危险性质:有机高毒品。密封避光干燥处保存。

用于检验铈、铬、铁、氰化物、铅、锰、氧化剂、硝酸盐和亚硝酸盐,H_2O_2的稳定剂,有机微量分析测定氮的标准。

二甲苯(Xylene):C_8H_{10},相对分子质量106.16,无色透明易流动液体,是邻、间、对三种同分异构体的混合物。有特殊气味,能溶于醇、醚及氯仿,几乎不溶于水,相对密度0.865(20/4℃),b. p. 137℃~140℃,闪点−1.67℃。危险性质:中毒。密封阴凉处保存。

用作溶剂,测定许多有机化合物中的水分,显微镜清洁剂。

N,N-二甲基苯胺(二甲基替苯胺,Dimethylaniline):$C_8H_{11}N$,相对分子质量121.18,淡黄色油状液体,有特殊气味,初蒸馏时为无色,后渐渐变成红色至红棕色,能随水蒸气一起挥发,易溶于醇、氯仿、醚,不溶于水。相对密度0.956(20/4℃),b. p. 192℃~194℃,折光率1.558 2(20℃),闪点61℃。危险性质:高毒。密封避光保存。

用于检定甲醇、甲基呋喃甲醛、过氧化氢、盐酸盐、乙醇、甲醛和叔胺,比色测定亚硝酸盐等,用作溶剂,制造香荚兰素。

九碳

乙酰水杨酸(阿司匹林,Acetylsalicylic acid):$C_9H_8O_4$,相对分子质量180.15,白色针状或板状晶体或粉末,无气味,能溶于乙醇、乙醚和氯仿,微溶于水,在氢氧化碱溶液或碳酸碱溶液中能溶解,但同时分解。1g乙酰水物酸能溶于300 mL水、5 mL醇、10 mL~15 mL醚、17 mL氯仿。密度1.35 g·$(cm^3)^{-1}$,m. p. 135℃。密封干燥保存。

用于制药,鉴定锰。

十碳

萘(煤焦油脑,Naphthalene):$C_{10}H_8$,相对分子质量128.16,白色单斜菱形或片状晶体或粉末,有强煤焦油臭,在室温下也能挥发,易燃,与空气能形成爆炸性混合物,其石油醚溶液在汞灯下呈红紫色荧光,易溶于醚和挥发油,不溶于水,1g萘能溶于13 mL甲醇或乙醇,3.5 mL苯或甲苯,2 mL氯仿或四氯化碳,1.2 mL二硫化碳。密度1.162 g·$(cm^3)^{-1}$,m. p. 80.2℃,b. p. 217.9℃,折光率1.589 8(85℃),闪点78.9℃。危险性质:易燃,中毒。密封保存。

有机分析中作难溶性染料结晶的溶剂,测定相对分子质量,用作比色法标准,用于校正温度计,用于有机合成,用作有机微量分析测定碳和氢的标准。

十氢萘(萘烷,Decahydronaphthalene):$C_{10}H_{18}$,相对分子质量138.20,无色液体,类似甲醇气味,蒸气为紫色,能溶于醇及醚,不溶于水,相对密度0.893(20/4℃,顺式),0.870(20/4℃,反式),m. p. −43.2℃(顺式),−31.5℃(反式),b. p. 194.6℃(顺式),185.5℃(反式),折光率1.481 1(20℃,顺式),1.469 7(20℃,反式),闪点57.78℃。

用作有机物结晶的溶剂,在微量分析中测定矿物的折射指数,测定硼,用作色谱分析对比物质。

α-萘胺(α-Naphthyl amine):$H_2NC_{10}H_7$,相对分子质量143,无色针状晶体。m. p. 50 ℃,b. p. 300.8 ℃,相对密度1.122 9(25/25 ℃)。微溶于水,溶于乙醇、乙醚。具有不愉快气味,低毒,半数致死量(大鼠,经口),779 mg·kg^{-1}。在空气中逐渐氧化成红色,应避光密封保存。

主要用作合成染料中间体,本身也曾用作色基。可经皮肤吸收,生成高铁血红蛋白,造成血液中毒。

十二碳

二苯醚(氧化二苯,Diphenyl):$C_{12}H_{10}O$,相对分子质量170.20,无色液体或晶体,有天竺葵气味,能溶于醇、醚、冰醋酸及苯,不溶于水,相对密度1.075(20/4 ℃),m. p. 28 ℃,b. p. 259 ℃,闪点115 ℃。

用于有机合成,恒温传热介质,气相色谱固定液(最高使用温度100 ℃,溶剂为丙酮)。

蔗糖(Sugar):$C_{12}H_{22}O_{11}$,相对分子质量342.30,无色单斜楔形晶体、白色颗粒或晶状粉末。味甜,无气味。在空气中稳定,易溶于水,能溶于乙醇和甲醇,缓溶于甘油和吡啶。在160 ℃~180 ℃分解,有右旋光性,可水解成等分子的葡萄糖和果糖的混合物。相对密度1.587(25/4 ℃),旋光度>+65.9(20 ℃,26%水中)。密封保存。

用作生物培养基,分离钙和镁,检验α-萘酚,络合滴定硼的掩蔽剂,有机微量分析测定碘、氢和氧的标准。

麦芽糖(淀粉糖,Maltose):$C_{12}H_{22}O_{11}$,相对分子质量342.30,含有一分子结晶水时为无色晶体或白色粉末,甜味约为蔗糖的三分之一,室温下在真空的硫酸或五氧化二磷干燥器中不会失去结晶水,能溶于水,微溶于乙醇,不溶于乙醚,有还原性和右旋光性,能还原斐林试剂,能被许多酵母发酵,麦芽糖酶能使其水解为两分子α-D-葡萄糖。密度1.54 g·$(cm^3)^{-1}$(20 ℃),m. p. 102 ℃~103 ℃。旋光度+111.7°→+130.4°(20 ℃,4%的溶液)。密封干燥保存。

用作生物培养基,多硫化稳定剂,分析化学比色测定标准。

十二烷(Dodecane):$C_{12}H_{26}$,相对分子质量170.33,无色液体,能溶于醇、醚、氯仿、丙酮及四氯化碳,不溶于水,相对密度0.749(20/4 ℃),m. p. -10 ℃,b. p. 213 ℃,折光率1.422 1(20 ℃),闪点71.11 ℃。

用于有机合成,溶剂,气相色谱对比样品。

十二烷基硫酸钠(月桂基硫酸钠,Sodium dodecyl sulfate):$C_{12}H_{25}O_4SNa$,相对分子质量288.38,白色薄片或晶状粉末,有特殊气味,溶于水呈不透明溶液,溶液呈中性,能乳化脂肪,稍溶于醇,几乎不溶于氯仿、醚和轻石油。在湿热空气中分解。m. p. 约180 ℃(分解)。密封干燥保存。

用作阳离子型表面活性剂,可用于乳化、发泡及浸透去垢等。生化方面用于从蛋白质中分离核酸,从宿主细胞中脱落某些病毒。

十四碳及以上

菲(Phenanthrene):$C_{14}H_{10}$,相对分子质量178.22,无色单斜片状晶体。高真空中升华。能溶于甲苯、无水醚、醇、冰乙酸、四氯化碳和二硫化碳中,溶液呈蓝色荧光,几乎不溶于水。密度 $1.179 \text{ g} \cdot (\text{cm}^3)^{-1}$,m. p. $100 \, ^\circ\text{C}$,b. p. $340 \, ^\circ\text{C}$,折光率 $1.594\,3(20 \, ^\circ\text{C})$。危险性质:易燃。密封保存。

用作染料,测定相对分子质量及结晶作用的溶剂,有机合成。

甲基橙(金莲橙 D,Methyl orange):$C_{14}H_{21}O_3N_3SNa$,相对分子质量 327.34,橙黄色鳞状晶体或粉末。稍溶于水呈金黄色,不溶于乙醇。密封保存。

酸碱指示剂,pH 3.1(红)~4.4(黄),测定多数矿酸、强碱及水的碱度。容量测定锡(加热时 Sn^{2+} 使甲基橙褪色),强还原剂(Ti^{3+}、Cr^{2+})和强氧化剂(氯、溴)的消色指示剂,分光光度测定氯、溴,细胞浆质指示剂,组织学对比染色剂,花粉管染色。

十二烷基苯磺酸钠(Dodecylbenzene sulfonic acid sodium salt):$C_{18}H_{29}O_3SNa$,相对分子质量 348.48,白色至淡黄色粉末或颗粒,能溶于水,其水溶液极易起泡但因黏度低而易消失,有较好的渗透力和去污力。密封保存。

用作阴离子型表面活性剂。

酚酞(Phenolphthalein):$C_{20}H_{14}O_4$,相对分子质量 318.41,白色或微带黄色的晶状粉末。溶于冷水,加热时溶解较多,溶于乙醇和乙醚,能溶于苛性碱溶液或碱金属碳酸盐溶液而呈红色,在酸性溶液中变为无色。在浓的碱溶液中因生成三钠盐也为无色。常用作指示剂,变色范围为 8.2(无色)~10.00(红色),密度 $1.27 \text{ g} \cdot (\text{cm}^3)^{-1}$,m. p. $257 \, ^\circ\text{C} \sim 259 \, ^\circ\text{C}$。密封保存。

用作酸碱指示剂,非水溶液滴定指示剂,色层分析。

刚果红(煮大红,Congo red):$C_{32}H_{22}O_6N_6S_2Na_2$,相对分子质量 696.67,棕红色粉末,溶于水显黄红色、溶于醇显橙色,微溶于丙酮,最大吸收值(pH 7.3)488 nm($\epsilon_{1\,cm}^{1\%}$ 595)。密封保存。

用作酸碱指示剂,pH 3.0(紫蓝)~5.0(红),吸附指示剂,沉淀蛋白质,测定胃液中游离盐酸,胚胎切片、植物黏蛋白、纤维素、弹性组织等染色,鉴定硼酸、氰化物和盐酸等。

鞣酸(丹宁,Tannic acid):$C_{76}H_{52}O_{46}$,相对分子质量 1 701.18,淡黄白色至浅棕色无定形粉末或疏松有光泽鳞状、海绵块状,微有特殊气味,具有强烈涩味,遇清蛋白、淀粉、明胶及许多生物碱和金属盐类产生沉淀,遇铁盐也产生黑色沉淀。能溶于水、醇、丙酮、甘油,几乎不溶于醚、苯、氯仿和石油醚。露置于光和空气中颜色变深。在 $210 \, ^\circ\text{C} \sim 215 \, ^\circ\text{C}$ 时大部分分解为焦性没食子酸和二氧化碳。密封避光保存。

用于铍、铝、镓、铌和锆的沉淀和重量测定,也可用于铜、铁、钒、铈和钴的比色测定,蛋白质及生物碱的沉淀剂,钼酸铵滴定铅时的外指示剂,染料媒染剂,制墨水、没食子酸,提净啤酒,照相,橡胶凝固剂。

无机酸

硫酸(硫镪水,Sulfuric acid):H_2SO_4,相对分子质量 98.08,无色澄清油状液体。无气味,强腐蚀性,易溶于水和醇,并放出大量热而猛烈溅开,注意应将酸渐渐加入水中。暴露在空气中迅速吸收水分,也能夺取有机物如糖、木材等中的水分子而使其碳化。无水酸在 $10 \, ^\circ\text{C}$ 凝固,在 $340 \, ^\circ\text{C}$ 时分解为三氧化硫和水。密度 $1.84 \text{ g} \cdot (\text{cm}^3)^{-1}$,b. p. $290 \, ^\circ\text{C}$。危险性质:腐蚀性。密封干燥保存。

分析和实验室中广泛使用的试剂,能使待分析物质变为可溶状态,钡、锶和铅的沉淀剂,能取代硅酸及挥发性酸,用于干燥器及熔点测定仪,有机分析及合成中吸收水分,磺化作用,缩合作用,与硝酸混合液用于硝化作用。

硝酸(硝镪水,Nitric acid):HNO_3,相对分子质量 63.02,无色透明液体,在空气中冒烟,有窒息性刺激气味,遇光能产生四氧化二氮而变成棕色,能与水任意比混合。一般硝酸含量为 68%。相对密度 1.503(25/4 ℃),m. p. -42 ℃,b. p. 86 ℃(分解)。危险性质:强腐蚀性。密封避光保存。

用于制氮肥、硝基苯、王水、硝酸盐和硝化甘油、硝化纤维素等。

氯磺酸(氯硫酸,Chlorosulfonic acid):$ClSO_3H$,相对分子质量 116.53,无色或微黄色液体。在空气中发烟,有刺激性的辛辣气味。滴于水中能引起爆炸性分解,在水中分解成硫酸和盐酸,也能被醇和酸分解。对眼、皮肤和黏膜有强刺激性。相对密度 1.753(20/4 ℃),m. p. -80 ℃,b. p. 151 ℃～152 ℃,折光率1.437。危险性质:强腐蚀性。密封保存。

用于制造磺酰化合物及糖精等,有机合成,氯磺化和缩合剂,气体分析中吸收不饱和烃,军用毒气。

无机盐

硝酸银(Silver nitrate):$AgNO_3$,相对分子质量 160.89,无色透明斜方晶体或白色小晶体,无气味,有毒及腐蚀性。纯品在纯净空气和光照中不变色,当有硫化氢和有机物存在时变黑,熔化后为淡黄色液体,固化后仍为白色。易溶于氨水,能溶于水和醇,微溶于醚和甘油。加热至 450 ℃时分解成银、氮、氧和氧化氮。水及醇溶液对石蕊呈中性反应,pH约为 6。密度 4.352 g · $(cm^3)^{-1}$(19 ℃),m. p. 212 ℃,b. p. 444 ℃(部分分解)。危险性质:重金属盐。密封避光保存。

用于测定氯、溴、碘、氰化物和硫氰酸盐,测定锰的催化剂,电镀,制银盐,摄影乳剂,药物及染毛发等。

重铬酸钾(红矾钾,Potasssium dichromate):$K_2Cr_2O_7$,相对分子质量 294.21,橙红色有光泽,三斜、针状晶体或粉末,味苦,不吸湿或潮解。溶于水,水溶液呈酸性,不溶于乙醇,加热约至 500 ℃时分解为氧化铬及铬酸钾。冷时与盐酸不起反应,热时则产生氯气,有强氧化作用。密度 2.68 g · $(cm^3)^{-1}$(25 ℃),m. p. 398 ℃(成褐色液体)。危险性质:强氧化性。密封阴凉处保存。

作分析用基准试剂,点滴分析测定氯,氧化剂,色谱分析用试剂,有机合成,测定肝功能黄胆指数,检验粪便等。

亚硝酸钠(Sodium nitrite):$NaNO_2$,相对分子质量 69.01,淡黄色斜方粒状、棒状晶体或粉末,有吸湿性,极易溶于水,微溶于醇和醚,水溶液呈碱性,能从空气中吸收氧而逐渐变成硝酸钠。遇弱酸分解放出棕色三氧化二氮气体,与有机物接触能燃烧和爆炸,并放出有毒和刺激性的过氧化氮和氧化氮的气体。320 ℃时分解。密度 2.168 g · $(cm^3)^{-1}$(0 ℃),m. p. 271 ℃。危险性质:氧化性,致癌。密封保存。

用于色层分析,点滴分析,用以测定汞、钾、氯酸盐,重氮化试剂,亚硝化试剂,土壤分析,肝功能试验中测定血清胆红素。

无机碱

氢氧化钠(苛性钠,Sodium hydroxide):NaOH,相对分子质量 40.01,纯品是无色透明晶体,工业品含少量氯化钠和碳酸钠,是白色不透明固体,有块状、片状、粒状和棒状等。易吸收空气中的水分及二氧化碳。易溶于水、醇和甘油,溶解时放热,溶液呈强碱性,极易腐蚀有机组织。密度 1.13 g·(cm³)⁻¹(25 ℃),m. p. 318.4 ℃,b. p. 1 390 ℃。危险性质:腐蚀性。密封干燥保存。

广泛用作基本分析试剂。

钠石灰(碱石灰,Soda lime):灰白色小粒,是氢氧化钙与氢氧化钠或氢氧化钾的混合物。常为氧化钙中含 5%～20%氢氧化钠及 6%～18%水,用特种指示剂着色而呈粉红色的小粒,易吸收水分和二氧化碳,变为碳酸钠和碳酸钙的混合物。吸收二氧化碳后色泽渐褪,吸收量一般为 25%～35%。密封干燥保存。

用作二氧化碳吸收剂,测定碳,作干燥剂。

其他

碘(Iodine):I₂,相对分子质量 253.8,蓝黑色鳞片状或片状。具金属光泽,有辛辣刺激气味,易升华,在常温时挥发成紫色腐蚀性蒸气。能溶于碘化钾溶液、醇和醚,其溶液均呈褐色,能溶于氯仿,二硫化碳、四氯化碳和苯,溶液均呈紫色,不溶于水。碱金属溴化物能增加碘在水中的溶解度,但硫酸盐与硝酸盐则降低碘在水中的溶解度。密度 4.93 g·(cm³)⁻¹(25 ℃),m. p. 113.6 ℃,b. p. 185.24 ℃。危险性质:毒性。密封阴凉处保存。

用于标定硫代硫酸钠标准溶液,测定油脂的碘值,镁及乙酸盐的显色反应,制造碘烷及碘化物等,淀粉的比色测定,测定血清中非蛋白氮、淀粉酶,制备固紫和甲苯胺蓝碘溶液,催化剂。

溴(Bromine):Br₂,相对分子质量 159.8,深红棕色发烟挥发性液体。有窒息性气味,其烟雾能强烈地刺激眼睛和呼吸道。对全部金属及有机物组织均有侵蚀作用,在室温中挥发很快。易溶于乙醇、氯仿、乙醚、二硫化碳、四氯化碳、浓盐酸及溴化物水溶液中,1 mL 溶于约 30 mL 水中,在 0 ℃或低温时能与水形成Br₂·10H₂O的晶体,密度 3.12 g·(cm³)⁻¹,m. p. −7.3 ℃,b. p. 58.2 ℃。危险性质:高毒性。密封避光阴凉处保存。

用作分析测定的氧化剂,乙烯及重碳氢化合物的吸收剂,有机物的溴化剂。

可溶性淀粉(Starch soluble):白色粉末,无臭,无味,能溶于沸水,不溶于冷水、醇和醚。

测定麦芽和血清中的淀粉酶的活力,碘量分析法指示剂,血清非蛋白氮的检验,测定血清钠。

分子筛 A5(Molecular sieves type A5):本品为结晶硅酸铝沸石,有效孔径0.4 nm～0.5 nm。具有高度耐酸特性,在室温下能吸附 pH 2.5 盐酸溶液,提高温度即可解析再生,故可以反复使用并保持其结构。加热和通氮气,能很快除去吸附的水和其他化合物。

用作气—固色谱吸附剂,可以从气体中除去酸性污染物,包括氯化氢、二氧化硫、氧化氮,可以干燥氯气、干燥提纯卤代烃。

附录二　常用试剂的纯化

不同级别的实验,对所用试剂的要求也有所不同。我国一般将常用的化学试剂根据其纯度不同分成下列四种级别:

试剂级别	中文名称	代号	瓶签颜色	使用要求
一级品	保证试剂或优级纯	GR	绿色	用于基准物质,主要用于精密的科学研究和分析鉴定
二级品	分析试剂或分析纯	AR	红色	主要用于一般科学研究和分析鉴定
三级品	化学试剂或化学纯	CP	蓝色	用于较高要求的有机和无机化学实验,也用于要求较低的分析实验
四级品	实验试剂	LR	棕黄色或其他	主要用于普通的实验和科学研究上,也用于要求较高的工业生产中

当实验中所用试剂的级别达不到要求时,常可用适当的方法将之纯化后再使用。现将常见试剂的纯化方法介绍如下(下列各物质按 C 原子数排列):

四氯化碳

一般的四氯化碳中含二硫化碳达 4%。纯化时,可将 1L 四氯化碳与 60 g 氢氧化钾溶于 60 mL 水和 100 mL 乙醇的溶液,在 50 ℃～60 ℃时振摇 30 min,然后水洗。再将此四氯化碳按上述方法重复操作一次(氢氧化钾的用量减半),残余的乙醇用氯化钙除掉,最后将四氯化碳用氯化钙干燥,过滤,蒸馏收集 76.7 ℃馏分。四氯化碳不能用金属钠干燥,因为有爆炸危险。

二硫化碳

二硫化碳为有毒化合物,能使血液和神经组织中毒,具有高度的挥发性和易燃性。因此,使用时应该避免与其蒸气接触。

对二硫化碳纯度要求不高的实验,在二硫化碳中加入少量无水氯化钙干燥几小时,在水浴 55 ℃～65 ℃下加热蒸馏,收集。如需要制备较纯的二硫化碳,在分析纯的二硫化碳中加入 0.5%的高锰酸钾溶液洗涤三次,除去硫化氢。再用汞不断振荡以除去硫。最后用 2.5%的硫酸汞溶液洗涤,除去所有的硫化氢(洗至没有恶臭为止),再经氯化钙干燥,蒸馏收集。

氯仿

氯仿是高毒有机物,并且在日光下易氧化成氯气、氯化氢和光气(剧毒),故氯仿应贮于棕色试剂瓶中。市场上供应的氯仿多采用 1%酒精作稳定剂,以消除产生的光气。

氯仿中乙醇的检验可用碘仿反应,游离氯化氢的检验可用硝酸银的醇溶液。

除去乙醇可将氯仿用其二分之一体积的水振摇数次,分离出下层的氯仿,再用氯化钙干燥 24 h,然后蒸馏即可。也可将氯仿与少量浓硫酸(按 20∶1 体积)在分液漏斗中一起振荡 2～3 次,分去酸层以后的氯仿用水洗涤,干燥,然后蒸馏即可。

二氯甲烷

由于氯仿是高毒有机物,所以萃取时常使用二氯甲烷代替氯仿作为比水重的萃取剂。普通的二氯甲烷一般都能直接作萃取剂用。如需纯化,可用 5％碳酸钠溶液洗涤,再用水洗涤,然后用无水氯化钙干燥,蒸馏收集 40 ℃～41 ℃的馏分,即可直接使用。

甲醇

普通未精制的甲醇含有 0.02％的丙酮和 0.1％的水,而工业甲醇中这些杂质的含量达 0.5％～1％。

为了制得纯度达 99.9％以上的甲醇,可将甲醇用分馏柱分馏,收集 64 ℃的馏分,再用镁干燥(与制备无水乙醇相同)。甲醇有毒,处理时应防止吸入其蒸气。

无水乙醇

采用下列方法可制备 98％～99％的无水乙醇:

(1) 共沸蒸馏法(工业上多采用此法) 将苯加入乙醇中,加热时苯、水和乙醇就会形成低共沸混合物,在 64.9 ℃时蒸出苯、水、乙醇的三元恒沸混合物,留在蒸馏烧瓶中的是苯和乙醇混合物。然后在 68.3 ℃时苯与乙醇形成二元恒沸混合物被蒸出,最后剩下的就是乙醇。

(2) 生石灰脱水法 在 100 mL 5％乙醇中加入新鲜的块状生石灰 20 g,回流 3 h～5 h,然后进行蒸馏。

采用下列方法可制备 99％以上的乙醇:

(1) 在 100 mL 99％乙醇中,加入 7 g 金属钠,待反应完毕,再加入 27.5 g 邻苯二甲酸二乙酯或 25 g 草酸二乙酯,回流 2 h～3 h,然后再进行蒸馏。

金属钠虽然能够与乙醇中的水作用产生氢气和氢氧化钠,但是所生成的氢氧化钠与乙醇发生如下的平衡反应:

$$NaOH + C_2H_5OH \Longrightarrow C_2H_5ONa + H_2O$$

因此单独使用金属钠不能完全除去乙醇中的水,须加入过量的高沸点酯(如邻苯二甲酸二乙酯)与生成的氢氧化钠作用,抑制上述反应,从而达到进一步脱水的目的。反应为:

$$C_6H_4(COOC_2H_5)_2 + 2NaOH = C_6H_4(COONa)_2 + 2C_2H_5OH$$

(2) 加 5 g 镁和 0.5 g 碘于 60 mL 99％乙醇中,待镁完全溶解生成醇镁后,再加入 900 mL 99％乙醇,回流 5 h 后进行蒸馏,即可得到 99.9％乙醇。

由于乙醇具有非常强的吸湿性,所以在操作时,动作要迅速,尽量减少转移次数以防止空气中的水分进入,同时所用仪器必须是干燥的。

二甲基亚砜(DMSO)

二甲基亚砜能与水混合,在纯化时可以用分子筛长期放置加以干燥。然后减压蒸馏,收集 76 ℃/1 600 Pa 馏分。蒸馏时,温度不可高于 90 ℃,否则会发生歧化反应生成二甲砜和二甲硫醚。也可用氧化钙、氢氧化钙、氧化钡或无水硫酸钡来干燥,然后减压蒸馏。也可用部分结晶的方法纯化。

二甲基亚砜与某些物质混合时可能会发生爆炸,例如氯酸钠、高碘酸或高氯酸镁等,应予以注意。

丙酮

丙酮常含有少量的水、甲醛、乙醛等还原性杂质。纯化方法有以下两种:

(1) 加 2.5 g 高锰酸钾于 250 mL 丙酮中,回流至紫色不褪为止。若高锰酸钾紫色很快消失,再加入少量高锰酸钾,然后将丙酮蒸出,用无水硫酸钙干燥,过滤后蒸馏,收集 55 ℃~56.5 ℃ 的馏分。用此法纯化丙酮时,须注意丙酮中含还原性物质不能太多,否则会过多消耗高锰酸钾和丙酮。

(2) 将 100 mL 丙酮装入分液漏斗中,先加入 4 mL 10% 硝酸银溶液,再加入 3.6 mL 1 mol·L^{-1}氢氧化钠溶液,振摇 10 min 后分出丙酮层,再加入无水硫酸钙进行干燥,最后蒸馏收集 55 ℃~56.5 ℃ 的馏分。此法比方法(1)要快,但硝酸银较贵,只适宜做小量纯化用。

1,4-二氧环己烷(二氧六环)

二氧六环常含有少量二乙醇缩醛和水,久贮的二氧六环可能含有过氧化物(鉴定和除去参阅乙醚)。纯化时可在 500 mL 二氧六环中加入 8 mL 浓盐酸和 50 mL 水的溶液,回流 6 h~10 h,在回流过程中,慢慢通入氮气以除去生成的乙醛。冷却后,加入固体氢氧化钾,直到不能再溶解为止。分去水层,再用固体氢氧化钾干燥 24 h。然后过滤,在金属钠存在下加热回流 8 h~12 h,最后在金属钠存在下蒸馏,压入钠丝密封保存。精制过的 1,4-二氧环己烷应当避免与空气接触。

四氢呋喃

四氢呋喃能与水混溶,并且常常含有少量水分及过氧化物(应先用小量进行试验,在确定只有少量水和过氧化物、反应不至过于激烈时,才能用以下方法进行纯化)。将氢化铝锂与四氢呋喃在隔绝潮气下回流(通常每 1 L 约需要 2 g~4 g 氢化铝锂)除去其中的水和过氧化物,然后蒸馏,收集 66 ℃ 的馏分(蒸馏时不要蒸干)。精制后的液体加入钠丝并应该在氮气中保存。如需较久放置,应加 0.25% 的 4-甲基-2,6-二叔丁基苯酚作抗氧剂。

四氢呋喃中的过氧化物可用酸化的碘化钾溶液来检验。如果过氧化物较多,应该另行处理为宜。

乙酸乙酯

乙酸乙酯含量一般为 95%~98%,含有少量水、乙醇和醋酸。可用下法纯化:于 1 L 乙酸乙酯中加入 100 mL 醋酸酐和 10 滴浓硫酸。加热回流 4 h,除去乙醇和水等杂质,然后进行蒸馏。馏出液加 20 g~30 g 无水碳酸钾振荡,再蒸馏。产物沸点为 77 ℃,纯度可以达 99% 以上。

无水乙醚

乙醚久置易被空气氧化为过氧化物,所以使用前必须检验过氧化物的存在。

过氧化物检验方法:在干净的试管中滴入 2～3 滴浓硫酸、1 mL 2‰碘化钾溶液(若碘化钾溶液已被空气氧化,可用稀的亚硫酸钠溶液滴到黄色消失)和1～2 滴淀粉溶液,混合均匀后加入乙醚,出现蓝色即表示有过氧化物存在。

过氧化物除去方法:除去过氧化物可用新配制的硫酸亚铁溶液($FeSO_4 \cdot 7H_2O$ 60 g,100 mL 水和 6 mL 浓硫酸)。将 100 mL 乙醚和 10 mL 新配制的硫酸亚铁溶液放在分液漏斗中洗涤数次,至无过氧化物为止。

乙醚中醇的检验方法:乙醚中放入少许高锰酸钾粉末和一粒氢氧化钠。放置后,氢氧化钠表面附有棕色树脂,即证明有醇存在。

乙醚中水的检验方法:用无水硫酸铜检验。干燥思路是先用无水氯化钙除去大部分水,再经金属钠干燥。方法是:将 100 mL 乙醚放在干燥锥形瓶中,加入20 g～25 g无水氯化钙。瓶口用软木塞塞紧,放置 24 h 以上并间断摇动,然后蒸馏,收集 33 ℃～37 ℃的馏分于试剂瓶中。用压钠机将 1 g 金属钠直接压成钠丝放入试剂瓶中,用软木塞塞住瓶口,在木塞中插一根末端拉成毛细管的玻璃管,这样既可防止潮气浸入,又可使产生的气体逸出。放置至无气泡发生即可使用。放置后,若钠丝表面已变黄变粗时,应再蒸一次,再压入钠丝。

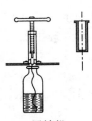

压钠机

石油醚

石油醚为轻质石油产品,是低级烷烃的混合物。其沸程为 30 ℃～150 ℃,收集的温度区间一般为 30 ℃左右。有 30 ℃～60 ℃,60 ℃～90 ℃,90 ℃～120 ℃等沸程规格的石油醚。其中含有少量的不饱和烃,沸点与烷烃相近,用蒸馏无法分离。

石油醚的精制通常是:将石油醚用其 1/10 体积的浓硫酸洗涤 2～3 次,再用 10％硫酸加入高锰酸钾配成的饱和溶液洗涤,直至水层中的紫色不再消失为止。然后再用水洗,经无水氯化钙干燥后蒸馏。若需绝对干燥的石油醚,可加入钠丝(与纯化无水乙醚相同)。

附录三　常用试剂的配制

1. 饱和亚硫酸氢钠溶液

先配制 40% 亚硫酸氢钠水溶液,再在每 100 mL 的 40% 亚硫酸氢钠水溶液中加入 25 mL 不含醛的无水乙醇,混匀后溶液呈无色透明液体(若有晶体析出则过滤取上层清液)。现配现用。

2. 碘—碘化钾溶液

将 20 g 碘化钾溶于 100 mL 蒸馏水中,再加入 10 g 研细的碘粉,混匀(或微热)使其全溶即得深红色溶液。

3. 吐伦试剂(Tollens Reagent,硝酸银氨溶液)

取 0.5 mL 5% 硝酸银溶液置于干净的试管中,逐滴滴加 2% 氨水,边滴加边振荡试管,开始时可看到黑色沉淀。继续滴加可看到沉淀减少。继续滴加至沉淀恰好溶解为止,即得无色透明溶液。

注意:① 配制过程中要防止氨水过量,否则容易形成易爆物质雷酸银(AgONC);② 现配现用,久置也易产生易爆物质氮化银(Ag_3N),受震动时发生猛烈爆炸。

4. 菲林试剂(Fehling Reagent)

菲林试剂有菲林 A 和菲林 B 两种溶液,使用时将两者等体积混合即可。

菲林 A:将 3.5 g 五水合硫酸铜溶于 100 mL 蒸馏水中即得淡蓝色的菲林 A 试剂(若有晶体析出则过滤取上层清液);

菲林 B:将 17 g 五水合酒石酸钠钾溶于 20 mL 热蒸馏水中,再加入 20 mL 20% 氢氧化钠溶液,稀释至 100 mL 即得无色透明的菲林 B 试剂。

菲林 A 和菲林 B 混合后形成深蓝色的络合物溶液:

5. 酚酞试剂(Phenothalin Reagent)

把 0.1 g 酚酞溶于 100 mL 95% 乙醇中即得无色的酚酞乙醇溶液,室温时变色范围为 pH 8.2~10。

6. 卢卡斯试剂(Lucas Reagent)

将 34 g 无水氯化锌在蒸发皿中强热熔融,稍冷后放入干燥器中冷至室温。将 23 mL 浓盐酸(37%,相对密度 1.187)置于小烧杯中,放入冰水浴中以防配制时氯化氢挥发。取出氯化锌,捣碎后加入到浓盐酸中,边加边搅拌至全溶即得无色的卢卡斯试剂。现配现用。

7. 刚果红试纸

将 2 g 刚果红溶于 1 L 水配成刚果红溶液。用此溶液浸泡试纸 24 h 后,取出试纸,晾干即得鲜红色的刚果红试纸,变色范围为 pH 3～pH 5,用作酸性物质的指示剂。遇弱酸显蓝黑色,遇强酸显稳定的蓝色,遇碱又变红色。

8. 饱和溴水

将 15 g 溴化钾溶于 100 mL 蒸馏水中,加入 10 g 溴(约 3.2 mL)混匀即得。小心溴的毒性和腐蚀性。

9. 氯化亚铜氨水溶液

取 1 g 氯化亚铜放入一大试管中,再加入 1 mL～2 mL 浓氨水和 10 mL 蒸馏水,用力振荡试管后静置一会儿,再倒出溶液至试剂瓶中并投入一块铜片(或一根铜丝,其目的是防止亚铜盐被空气中的氧气氧化为铜盐)即得。使用前也可加入少量的 20% 盐酸羟胺将铜盐还原为亚铜盐。

10. 1% 淀粉溶液(1% Starch Aqua)

将 1 g 可溶性淀粉溶于 5 mL 冷蒸馏水中,用力搅成稀浆状,然后倒入 94 mL 沸水中即得半透明的胶体,放冷后使用。

11. α-萘酚试剂(α-Naphthol Reagent)

将 2 g α-萘酚溶于 20 mL 95% 乙醇中,再用 95% 乙醇稀释至 100 mL,贮存于棕色试剂瓶中待用。现配现用。

12. 间苯二酚盐酸试剂

将 0.05 g 间苯二酚溶于 50 mL 浓盐酸中,再用蒸馏水稀释至 100 mL 即得。

13. 0.1% 茚三酮乙醇溶液

将 0.1 g 茚三酮溶于 124.9 mL 95% 乙醇中即得。现配现用。

14. 甲醛—硫酸试剂

取 1 滴福尔马林(37%～40% 甲醛水溶液),滴加到 1 mL 浓硫酸中,轻微振荡混匀即得。

15. 2,4-二硝基苯肼溶液

取 3 g 2,4-二硝基苯肼溶于 15 mL 浓硫酸中。冷却后将此混合液慢慢加入到 70 mL 95% 的乙醇中,再加蒸馏水稀释至 100 mL,过滤,取橙红色滤液保存于棕色试剂瓶中待用。

此法配制的 2,4-二硝基苯肼浓度大,反应时沉淀多,易于观察,但久置时容易变质,故也需现配现用。

也可将 1.2 g 2,4-二硝基苯肼溶于 50 mL 高氯酸中制成。

附录四 "三酸两碱"的相对密度与质量百分数对照表

盐 酸

$W_{HCl}/\%$	相对密度 d_4^{20}	100 mL 水溶液中含 HCl/g	$W_{HCl}/\%$	相对密度 d_4^{20}	100 mL 水溶液中含 HCl/g
1	1.003 2	1.003	20	1.098 0	21.96
2	1.008 2	2.006	22	1.108 3	24.38
4	1.018 1	4.007	24	1.118 7	26.85
6	1.027 9	6.167	26	1.129 0	29.35
8	1.037 6	8.301	28	1.139 2	31.90
10	1.047 4	10.47	30	1.149 2	34.48
12	1.057 4	12.69	32	1.159 3	37.10
14	1.067 5	14.95	34	1.169 1	39.75
16	1.077 6	17.24	36	1.178 9	42.44
18	1.087 8	19.58	38	1.188 5	45.16

硫 酸

$W_{H_2SO_4}/\%$	相对密度 d_4^{20}	100 mL 水溶液中含 H_2SO_4/g	$W_{H_2SO_4}/\%$	相对密度 d_4^{20}	100 mL 水溶液中含 H_2SO_4/g
1	1.005 1	1.005	65	1.553 3	101.0
2	1.011 8	2.024	70	1.610 5	112.7
3	1.018 4	3.055	75	1.669 2	125.2
4	1.025 0	4.100	80	1.727 2	138.2
5	1.031 7	5.159	85	1.778 6	151.2
10	1.066 1	10.66	90	1.814 4	163.3
15	1.102 0	16.53	91	1.819 5	165.6
20	1.139 4	22.79	92	1.824 0	167.8
25	1.178 3	29.46	93	1.827 9	170.2
30	1.218 5	36.56	94	1.831 2	172.1
35	1.259 9	44.10	95	1.833 7	174.2
40	1.302 8	52.11	96	1.835 5	176.2
45	1.347 6	60.64	97	1.836 4	187.1
50	1.395 1	69.76	98	1.836 1	179.9

$W_{H_2SO_4}$ /%	相对密度 d_4^{20}	100 mL 水溶液中含 H_2SO_4/g	$W_{H_2SO_4}$ /%	相对密度 d_4^{20}	100 mL 水溶液中含 H_2SO_4/g
55	1.445 3	79.49	99	1.834 2	181.6
60	1.498 3	89.90	100	1.830 5	183.1

硝　酸

W_{HNO_3} /%	相对密度 d_4^{20}	100 mL 水溶液中含 HNO_3/g	W_{HNO_3} /%	相对密度 d_4^{20}	100 mL 水溶液中含 HNO_3/g
1	1.003 6	1.004	65	1.391 3	90.43
2	1.009 1	2.018	70	1.413 4	98.94
3	1.014 6	3.044	75	1.433 7	107.5
4	1.020 1	4.080	80	1.452 1	116.2
5	1.025 6	5.128	85	1.468 6	124.8
10	1.054 3	10.54	90	1.482 6	133.4
15	1.084 2	16.26	91	1.485 0	135.1
20	1.115 0	22.30	92	1.487 3	136.8
25	1.146 9	28.67	93	1.489 2	138.5
30	1.180 0	35.40	94	1.491 2	140.2
35	1.214 0	42.49	95	1.493 2	141.9
40	1.246 3	49.85	96	1.495 2	143.5
45	1.278 3	57.52	97	1.497 4	145.2
50	1.310 0	65.50	98	1.500 8	147.1
55	1.339 3	73.66	99	1.505 6	149.1
60	1.366 7	82.00	100	1.512 9	151.3

氢氧化钠

W_{NaOH} /%	相对密度 d_4^{20}	100 mL 水溶液中含 NaOH/g	W_{NaOH} /%	相对密度 d_4^{20}	100 mL 水溶液中含 NaOH/g
1	1.009 5	1.010	26	1.284 8	33.40
2	1.020 7	2.041	28	1.306 4	36.58
4	1.042 8	4.171	30	1.327 9	39.84
6	1.064 8	6.389	32	1.349 0	43.17
8	1.086 9	8.695	34	1.369 6	46.57
10	1.108 9	11.09	36	1.390 0	50.04

W_{NaOH}/%	相对密度 d_4^{20}	100 mL 水溶液中含 NaOH/g	W_{NaOH}/%	相对密度 d_4^{20}	100 mL 水溶液中含 NaOH/g
12	1.130 9	13.57	38	1.410 1	53.58
14	1.153 0	16.14	40	1.430 0	57.20
16	1.175 1	18.80	42	1.449 4	60.87
18	1.197 2	21.55	44	1.468 5	64.61
20	1.219 1	24.38	46	1.487 3	68.42
22	1.241 1	27.30	48	1.506 5	72.31
24	1.262 9	30.31	50	1.525 3	76.27

碳酸钠

$W_{Na_2CO_3}$/%	相对密度 d_4^{20}	100 mL 水溶液中含 Na_2CO_3/g	$W_{Na_2CO_3}$/%	相对密度 d_4^{20}	100 mL 水溶液中含 Na_2CO_3/g
1	1.008 6	1.009	12	1.124 4	13.49
2	1.019 0	2.038	14	1.146 3	16.05
4	1.039 8	4.159	16	1.168 2	18.50
6	1.060 6	6.634	18	1.190 5	21.33
8	1.081 6	8.653	20	1.213 2	24.26
10	1.102 9	11.03			

附录五　乙醇的相对密度与乙醇含量对照表

$W_{C_2H_5OH}$/%	d_4^{20}	d_4^{25}	20 ℃乙醇体积分数	$W_{C_2H_5OH}$/%	d_4^{20}	d_4^{25}	20 ℃乙醇体积分数
5	0.983 98	0.988 17	6.2	75	0.855 64	0.851 34	81.3
10	0.981 87	0.980 43	12.4	80	0.843 44	0.839 11	85.5
15	0.975 14	0.973 34	18.5	85	0.830 95	0.826 60	89.5
20	0.968 64	0.966 39	24.5	90	0.817 97	0.813 62	93.3
25	0.961 68	0.958 95	30.4	91	0.815 29	0.810 94	94.0
30	0.953 82	0.950 67	36.2	92	0.812 57	0.808 23	94.7
35	0.944 94	0.941 46	41.8	93	0.809 83	0.805 49	95.4
40	0.935 18	0.931 48	47.3	94	0.807 05	0.802 72	96.1
45	0.924 72	0.920 85	52.7	95	0.804 24	0.799 91	96.8
50	0.913 84	0.909 85	57.8	96	0.801 38	0.797 06	97.5
55	0.902 58	0.898 50	62.8	97	0.798 46	0.794 15	98.1
60	0.891 13	0.886 99	67.7	98	0.795 47	0.791 17	98.8
65	0.879 48	0.875 27	72.4	99	0.792 43	0.788 14	99.4
70	0.867 66	0.853 40	76.9	100	0.789 34	0.785 06	100.0

附录六 水的蒸气压表(1℃~100℃)

$t/℃$	p/kPa	$t/℃$	p/kPa	$t/℃$	p/kPa	$t/℃$	p/kPa
0	0.610	15	1.705	30	4.242	85	57.799
1	0.657	16	1.781	31	4.492	90	70.084
2	0.706	17	1.937	32	4.754	91	72.790
3	0.758	18	2.063	33	5.029	92	75.580
4	0.813	19	2.196	34	5.318	93	78.460
5	0.872	20	2.337	35	5.622	94	81.433
6	0.935	21	2.486	40	7.375	95	84.499
7	1.001	22	2.643	45	9.582	96	87.661
8	1.072	23	2.808	50	12.332	97	90.920
9	1.148	24	2.983	55	15.735	98	94.279
10	1.228	25	3.167	60	19.912	99	97.741
11	1.312	26	3.360	65	24.999	100	101.308
12	1.402	27	3.564	70	31.152		
13	1.497	28	3.779	75	289.10		
14	1.598	29	4.005	80	355.10		

参 考 文 献

[1]吴肇亮,俞英.基础化学实验[M].北京:石油工业出版社,2003.

[2]北京师范大学化学系有机教研室.有机化学实验[M].北京:北京师范大学出版
　　社,1998.

[3]曾昭琼.有机化学实验[M].北京:高等教育出版社,2000.

[4]黄涛.有机化学实验[M].2版.北京:高等教育出版社,1998.

[5]简明化学试剂手册编写组.简明化学试剂手册[M].上海:上海科学技术出版社,1992.

[6]兰州大学、复旦大学化学系有机化学教研组.有机化学实验[M].北京:人民教育出版
　　社,1978.

[7]周科衍,高占先.有机化学实验教学指导[M].北京:高等教育出版社,1997.

[8]周建峰.有机化学实验[M].上海:华东理工大学出版社,2002.

[9]张毓凡,曹玉蓉,冯霄,等.有机化学实验[M].天津:南开大学出版社,1999.

[10]方富禄.有机化学实验[M].北京:高等教育出版社,1994.

[11]何幼鸾,范望喜.有机化学[M].武汉:华中师范大学出版社,2005.

[12]徐寿昌.有机化学[M].2版.北京:高等教育出版社,1997.

[13]汪小兰.有机化学[M].4版.北京:高等教育出版社,2005.

[14]张坐省.有机化学[M].北京:中国农业出版社,2001.

[15]赤堀四郎,木村健二郎.基础化学实验大全Ⅲ　有机化学实验[M].北京:科学普及出
　　版社,1988.

[16]帕维亚 D L,兰普曼 G M,小克里兹 G S.现代有机化学实验技术导论[M].北京:科
　　学出版社,1985.